《绿色矿山评价通则》解析

彭苏萍　王　亮　邓久帅　刘　虎　金章利　刘晓东　主编

地质出版社
· 北　京 ·

图书在版编目（CIP）数据

《绿色矿山评价通则》解析 / 彭苏萍等主编.
北京：地质出版社，2025. 5. --（绿色矿山系列丛书）.
ISBN 978-7-116-14624-2
Ⅰ. TD2
中国国家版本馆 CIP 数据核字第 2025QX4523 号

《LÜSE KUANGSHAN PINGJIA TONGZE》JIEXI

责任编辑： 程　静　房　媛
责任校对： 陈　曦
出版发行： 地质出版社
社址邮编： 北京市海淀区学院路 31 号，100083
电　　话： （010）66554528（发行部）；（010）66554533（编辑室）
网　　址： https://www.gph.clmpg.com
传　　真： （010）66554686
印　　刷： 北京地大彩印有限公司
开　　本： 787mm × 1092mm　1/16
印　　张： 12
字　　数： 290千字
版　　次： 2025 年 5 月北京第 1 版
印　　次： 2025 年 5 月北京第 1 次印刷
定　　价： 128.00 元
书　　号： ISBN 978-7-116-14624-2

《〈绿色矿山评价通则〉解析》
编委会

主　编： 彭苏萍　王　亮　邓久帅　刘　虎　金章利　刘晓东

编　委： 吴海军　赵伟伟　韩　雨　李　继　司国斌　杨　磊
韩　臻　吕书涛　许　莉　杨　森　吕珊珊　韩　勇
李文涛　王若含　李永臣　张庆国　王建奎　张立辉
温庆华　胡建平　刘　鹏　张　超　李曙光　刘诺亚
马　玉　刘高鹏　董敏巍　兰惠子　张　青　徐　浩
张　智　乔柄霖　陈宇鹏　张大江　杨永峰　霍志刚

审　核： 鞠建华　张二锋　赵曰茂　易洪春

前　言

2024年10月，国家市场监督管理总局与国家标准化管理委员会共同发布了国家标准《绿色矿山评价通则》（GB/T 44823—2024），这在我国绿色矿山建设历程中具有里程碑意义，标志着我国绿色矿山建设从行业推动正式转向国家引领，由试点探索迈入全面推进的新境界。至此，绿色矿山建设有了更为明确、统一的“标尺”，进入了“有标可依、有标可循”的规范化发展新阶段。

近年来，随着生态文明建设的持续深入，绿色矿山的理念逐渐深入人心，其内涵也日益清晰。绿色矿山建设已成为新时代矿业发展模式的必然选择，对于推动矿业行业的转型升级、实现可持续发展具有重要意义。然而，在实践过程中发现，对绿色矿山建设标准的内涵理解和条文把握仍存在不全面、不统一的问题，这在一定程度上影响了绿色矿山建设的推进效果。

为了帮助行政管理人员、矿山设计人员、施工人员、监理人员、第三方评估人员、绿色矿山咨询服务人员、认证机构专业人员及矿山企业管理人员等更好地理解和把握绿色矿山建设标准，实现标准原则与实际操作有效衔接，2019年7月，中关村绿色矿山产业联盟联合相关单位，成立了由原国土资源部副部长汪民担任主任的“绿色矿山系列丛书”编写委员会。截至目前，该委员会已经负责组织编写了二十余部绿色矿山建设的配套书籍。

《〈绿色矿山评价通则〉解析》（简称《解析》）作为“绿色矿山系列丛书”的重要组成部分，在编写过程中参照了多个行业标准和“绿色矿山系列丛书”的内容。同时，紧密结合当前的新形势、新政策与新要求，联合行业内多个单位的资深专家，对《解析》进行了深入细致的研究和探讨。

在编写过程中，编写人员不仅仔细参阅了近年来国家及地方发布的绿色矿山政策文件，而且广泛收集了大量的专业技术资料，确保《解析》的内容既符合政策导向，又具备技术可行性。此外，还积极征询了行业专家的意见和建议，对《解析》进行了多次修改和完善。最终形成的《解析》更加科学、全面、实用，为广大矿山企业和相关从业者提供了一部详尽、准确的绿色矿山评价指南。

我们相信，本书的出版将有力地推动绿色矿山建设工作的深入开展，促进矿业行业的可持续发展。同时，我们也期待更多的行业同仁能够加入绿色矿山建设的行列中，共同推动矿业行业的绿色转型和升级发展。

感谢北京众华高科咨询有限公司、北京高卓东升科技有限公司、北京绿海盛源认证服务有限公司、内蒙古煤矿设计研究院有限责任公司、内蒙古鸿远煤炭集团有限公司孙三沟煤矿、陕西省一八五煤田地质有限公司、湖北三峡职业技术学院、国能神东煤炭集团有限责任公司、国家能源集团神东煤炭上湾煤矿、国家能源集团煤炭安全监察中心等单位对本书编写提供的支持。

在本书编写过程中，参考的资料较多，如有疏漏，特表歉意；本书所引用的内容均来自行业标准，除少数内容有修改外，大部分内容均保持原样；本书中“附录 A”“附录 B”“附录 C”等表述均指《解析》的原附录，本书中均未再列出，特此说明。

受作者水平所限，书中难免有不尽如人意之处，恳请读者批评指正。让我们共同努力，加快矿业绿色低碳转型发展，持续提升绿色矿山建设水平。

作　者

2025 年 2 月

目　　录

1 范 围

本文件规定了绿色矿山评价的总体原则和一般要求，以及矿山开采、资源利用、绿色低碳、生态修复、科技创新与规范管理、矿容矿貌和评价等方面的要求。

本文件适用于已投产运行的矿山，作为行业、地方或矿山制定绿色矿山评价标准或实施细则的总体要求。

［解析］**本条介绍了本文件的主要内容和适用范围。**

（1）主要内容

A. 总体原则

绿色矿山建设遵循尊重自然、目标导向、生态优先，以及因地制宜的总体原则，旨在形成绿色生产方式，推进绿色矿业发展，实现资源高效利用和环境友好发展，并通过科学合理的措施恢复或改善生态系统功能。

B. 基本要求

创建绿色矿山的基本要求包括证照合法有效、安全生产与环保达标，以及持续建设与改进。矿山企业必须持有合法证照，确保开采过程安全且环保，并不断优化生产方式和加强环保措施。

C. 具体要求

1）矿山开采：应坚持科学规划与设计，确保活动有序进行；同时，追求高效开采，减少资源浪费并降低成本；加强安全生产管理，保障人员和设备安全。

2）资源利用：应致力于提高矿产资源的回收率和利用率，实现资源的高效利用；对共伴生矿产及废弃资源进行综合利用，以减少资源浪费；通过技术创新和管理优化，降低资源消耗，推动可持续发展。

3）绿色低碳：矿山企业应积极采用节能技术和设备，努力降低能源消耗；严格控制废水、废气、废渣的排放，确保达标或实现零排放；同时，鼓励使用太阳能、风能等清洁能源，以减少碳排放，促进绿色可持续发展。

4）生态修复：在矿山开采过程中，应同步进行生态修复工作，确保生态环境得到及时恢复；修复措施需遵循自然生态系统演替规律和内在机理，确保科学合理；对修复后的生态环境进行长期监测和评估，以保障修复效果的持续稳定。

5）科技创新与规范管理：应鼓励矿山企业加大科技创新投入，提升生产技术水平和管理效率；同时，建立健全矿山管理制度和流程，确保开采活动规范化和标准化；加强人才队伍建设，提高员工的专业素养和环保意识，为矿山可持续发展提供有力支撑。

6）矿容矿貌：对矿区应进行合理的功能分区，确保各区域秩序井然；同时，保持环境整洁，杜绝垃圾废物乱丢弃；加强绿化美化工作，提升矿区的整体形象和环境质量，营造宜人的工作和生活环境。

7）评价：对绿色矿山建设应进行全面、客观的综合评价，涵盖多个方面；同时，建立绿色矿山名录的动态管理机制，及时移出不符合标准的企业，并督促已入选企业持续巩固成果；此外，鼓励社会各界参与监督和管理，共同推动绿色矿山事业的持续发展。

（2）适用范围

本文件是针对已经投产运行的矿山而制定的，提供了制定绿色矿山评价标准或实施细则的总体框架和要求。这意味着，无论是行业层面、地方层面还是具体到矿山层面，在制定相关绿色矿山评价标准时，都应遵循本文件提出的总体原则和一般要求。本文件的适用范围明确，旨在引导矿山企业向绿色、环保、可持续方向发展，促进矿业行业的绿色转型和升级。

2 规范性引用文件

下列文件中的内容通过文中的规范性引用而构成本文件必不可少的条款。其中，注日期的引用文件，仅该日期对应的版本适用于本文件；不注日期的引用文件，其最新版本（包括所有的修改单）适用于本文件。

GB/T 2589 综合能耗计算通则

GB 8978 污水综合排放标准

GB 12348 工业企业厂界环境噪声排放标准

GB 15618 土壤环境质量 农用地土壤污染风险管控标准（试行）

GB 16297 大气污染物综合排放标准

GB 18597 危险废物贮存污染控制标准

GB 18599 一般工业固体废物贮存和填埋污染控制标准

GB/T 23331 能源管理体系 要求及使用指南

GB/T 25953 有色金属选矿回收铁精矿

GB/T 32150 工业企业温室气体排放核算和报告通则

GB 36600 土壤环境质量 建设用地土壤污染风险管控标准（试行）

GB 50187 工业企业总平面设计规范

GB 50197 煤炭工业露天矿设计规范

GB 50215 煤炭工业矿井设计规范

GB 50359 煤炭洗选工程设计规范

GB 50595 有色金属矿山节能设计规范

GB 50598 水泥原料矿山工程设计规范

GB 50612 冶金矿山选矿厂工艺设计规范

GB 50771 有色金属采矿设计规范

GB 50782 有色金属选矿厂工艺设计规范

GB 50830 冶金矿山采矿设计规范

GB 50863 尾矿设施设计规范

GB 50970 装饰石材矿山露天开采工程设计规范

GB 50988 有色金属工业环境保护工程设计规范

GB 51053 煤炭工业矿井节能设计规范

GB 51197 煤炭工业露天矿节能设计规范

GBZ 2.1 工作场所有害因素职业接触限值 第1部分：化学有害因素

DZ/T 0376 智能矿山建设规范

HG/T 22815　化工矿山钻井水溶法采矿设计规范

HG/T 22816　化工矿山盐湖卤水矿采矿设计规范

HJ 25.6　污染地块地下水修复和风险管控技术导则

HJ 1209　工业企业土壤和地下水自行监测技术指南（试行）

TD/T 1036　土地复垦质量控制标准

TD/T 1070（所有部分）　矿山生态修复技术规范

［解析］**本条介绍了本文件的规范性引用文件。**

通过规范性引用了一系列相关标准、规范和技术导则等，并明确了这些引用文件的版本适用性，以确保本文件的准确性和可操作性。这些引用文件为本文件提供了必要的支撑和依据，有助于确保本文件在实施过程中的一致性和规范性。

（1）引用文件的构成

通过规范性引用列举了一系列标准、规范和技术导则等，这些引用文件构成本文件必不可少的条款。

（2）引用文件的版本适用性

对于注明日期的引用文件，仅该日期对应的版本适用于本文件。这表示，如果文件引用了某个文件并注明了具体日期，那么在使用本文件时，必须遵循该日期对应的版本。

对于不注日期的引用文件，其最新版本（包括所有的修改单）适用于本文件。这表示，如果引用文件没有注明具体日期，那么在使用本文件时，应遵循该引用文件的最新版本。

（3）引用文件的具体内容

本文件列举了一系列国家标准（GB/T、GB）、行业标准（DZ/T、HG/T、TD/T）等，涵盖了能耗计算、污水排放、环境噪声、土壤环境质量、大气污染物排放、危险废物贮存、一般工业固体废物贮存和填埋、能源管理体系、有色金属选矿回收、工业企业温室气体排放、煤炭工业设计、有色金属矿山设计、冶金矿山选矿厂设计、尾矿设施设计、装饰石材矿山开采设计、化工矿山设计、污染地块地下水修复和风险管控、工业企业土壤和地下水自行监测，以及土地复垦和矿山生态修复等多个方面。

3 术语和定义

下列术语和定义适用于本文件。

3.1 绿色矿山

实现开采方式科学化、资源利用高效化、矿区环境生态化、管理规范化和矿区和谐化的矿山。

［来源：DZ/T 0312—2018，3.1，有修改］

［解析］本条是对绿色矿山的定义。

该定义是目前关于绿色矿山最高层面的操作性定义，为绿色矿山建设提供了明确的指导和方向，具有重要的指导意义和实践价值。

（1）定义特点

1）全面性：该定义涵盖了绿色矿山建设的各个方面，包括开采方式、资源利用、矿区环境管理和矿区和谐化，体现了绿色矿山建设的全面性和系统性。

2）操作性：该定义不仅是一个理论概念，而且具有很强的操作性。它明确了绿色矿山建设的主要内容和方向，为矿山企业提供了具体的指导和实施路径。

3）权威性：该定义作为国家标准，在行业内具有很高的权威性和认可度。它统一了行业对绿色矿山的认识和理解，推动了绿色矿山建设的标准化和规范化。

4）前瞻性：该定义体现了绿色矿山建设的前瞻性和可持续性。它要求矿山企业在开采过程中不仅要考虑经济效益，而且要考虑环境效益和社会效益，推动矿业行业的绿色转型和升级。

（2）定义解析

1）开采方式科学化：要求资源开发应选择资源节约型、环境友好型开采方式，减少对环境的破坏和资源的浪费。

2）资源利用高效化：强调在开采主要矿产的同时，对具有工业价值的共生和伴生矿产统一规划，综合勘查、综合评价、综合开采、综合利用，实现资源高效开发（陆浮等，2021）。

3）矿区环境生态化：强调坚持生态优先、保护优先和“三同时”原则，边生产、边治理、边恢复，保障矿区生产和生活环境的安全性、生态性、保障性、便捷性和舒适性。

4）管理规范化：要求矿山企业应建立健全管理制度和规范，确保矿山开发的合法合规和有序进行。

5）矿区和谐化：强调了矿山企业应与当地社区、政府和相关利益方保持良好的沟通和合作，促进矿区的和谐稳定发展。

目前，绿色矿山的定义较多，能够反映出“绿色发展”这一内涵的定义更应被社会引用和重视。

3.2 开采回采率

采出的纯矿石量（资源储量）占当期消耗的矿产资源储量的百分比。

［来源：GB/T 42249—2022，3.5］

［解析］本条是对开采回采率的定义。

该定义来源于《矿产资源综合利用技术指标及其计算方法》(GB/T 42249—2022,3.5)。

3.3 选矿回收率

选矿产品中某有用组分的质量占入选原矿中该有用组分质量的百分比。

［来源：GB/T 42249—2022，3.6］

［解析］本条是对选矿回收率的定义。

该定义来源于《矿产资源综合利用技术指标及其计算方法》(GB/T 42249—2022,3.6)。

3.4 共伴生矿产综合利用率

采选作业中，各最终产品中共伴生有用组分的质量和与当期消耗矿产资源储量中共伴生有用组分质量和的百分比。

［来源：GB/T 42249—2022，3.7］

［解析］本条是对共伴生矿产综合利用率的定义。

该定义来源于《矿产资源综合利用技术指标及其计算方法》(GB/T 42249—2022,3.7)。

3.5 矿山生态修复

对矿产资源开采造成的地质环境破坏、土地损毁和植被破坏等问题，依靠人工支持引导和自然恢复力，采取预防和修复措施，使矿山地质环境达到安全稳定、损毁土地得到复垦利用、生态系统功能得到恢复或改善。

［来源：TD/T 1070.1—2022，3.1，有修改］

［解析］本条是对矿山生态修复的定义。

该定义来源于《矿山生态修复技术规范　第1部分：通则》(TD/T 1070.1—2022)，但在此处进行了适当的修改，以适应绿色矿山特定的语境或需求。

4 总体原则和一般要求

4.1 总体原则

4.1.1 坚持尊重自然、顺应自然、保护自然，形成矿产资源绿色生产方式

［解析］本条是对绿色矿山建设过程中尊重自然、顺应自然、保护自然的原则性要求。

（1）尊重自然、顺应自然、保护自然

“尊重自然、顺应自然、保护自然”强调了人类与自然环境的和谐共生，要求人们在开发利用自然资源时，必须遵循自然规律，避免过度开发和破坏。它提醒人们要珍惜大自然赋予的资源和环境，保持对自然的敬畏之心，确保人类活动与自然环境的协调发展。

习近平总书记在党的十九大报告中强调，加快生态文明体制改革，建设美丽中国。人与自然是生命共同体，人类必须尊重自然、顺应自然、保护自然。人类只有遵循自然规律才能有效防止在开发利用自然上走弯路，人类对大自然的伤害最终会伤及人类自身，这是无法抗拒的规律。

习近平总书记在党的二十大报告中提出，尊重自然、顺应自然、保护自然，是全面建设社会主义现代化国家的内在要求。这是新时代我国生态文明实践的新的理论总结，充分反映了中国共产党对什么是现代化及如何实现现代化的认识达到了新的高度，进一步丰富和发展了习近平生态文明思想。

1）尊重自然是人与自然和谐共生的前提。在矿产资源开发过程中，必须充分认识到自然资源的有限性和珍贵性，尊重自然的生态规律和演化过程。这意味着在开发过程中要避免过度开采和浪费，确保资源的可持续利用。

2）顺应自然要求在开发矿产资源时，要遵循自然的节奏和规律，尽量减少对自然环境的干扰和破坏。这要求开发者在设计和实施开采方案时，要充分考虑地质、地貌、水文等自然条件，确保开采活动与自然环境相协调。

3）保护自然是矿产资源开发过程中的重要责任。开发者必须采取有效措施，防止开采活动对自然环境造成不可逆的损害。这包括保护生物多样性、防止水土流失、减少污染物排放等，以确保自然环境的平衡和稳定。

（2）矿产资源绿色生产方式

矿产资源绿色生产方式是指在矿产资源开发的全过程中，运用环保、节能、高效的技术和方法，力求实现资源的最大化利用和环境的最小化影响。这要求开发者在开采、加

工、运输等各个环节均秉持绿色原则，促进矿产资源开发的绿色转型与升级。

4.1.2 坚持目标导向、结果导向，以绿色矿山建设推进绿色矿业发展

［解析］**本条深刻阐述了推进绿色矿业发展的路径和策略，强调了目标导向、结果导向的重要性，并明确了绿色矿山建设在推动绿色矿业发展中的核心地位。**

（1）坚持目标导向

目标导向是指在推进绿色矿业发展的过程中，首先要明确目标，即建设绿色矿山，推动绿色矿业的发展。这一目标既体现了对环境保护的承诺，也体现了对资源高效利用的追求。

明确目标的重要性能够为绿色矿山建设提供清晰的方向和指引。在绿色矿山建设的过程中，需要围绕这一目标，制定具体的实施方案和行动计划，确保各项工作有序开展。同时，目标导向还能够激发矿山企业和相关部门的积极性和创造力，推动绿色矿山建设不断取得新的进展。

（2）坚持结果导向

结果导向是指在推进绿色矿业发展的过程中，要注重结果，即确保绿色矿山建设的成效。这要求在绿色矿山建设的过程中，不仅要关注过程，而且要关注结果，确保各项措施能够取得实实在在的成效。

坚持结果导向能够推动绿色矿山建设不断向纵深发展。通过定期评估绿色矿山建设的成效，可以及时发现问题和不足，并采取相应的措施进行改进。同时，结果导向还能够激发矿山企业和相关部门的责任感和使命感，确保绿色矿山建设能够取得预期的效果。

（3）以绿色矿山建设推进绿色矿业发展

绿色矿山建设是推动绿色矿业发展的核心和关键。绿色矿山建设不仅要求矿山企业在开采过程中采用环保、节能、高效的技术和方法，而且要求企业在资源利用、环境保护、社会责任等方面实现全面提升。

通过绿色矿山建设，可以推动矿业发展方式的转变，实现资源的高效利用和环境的可持续发展。具体来说，绿色矿山建设可以促进矿山企业技术创新和装备升级改造，提高矿产资源的开采率和利用率；可以加强矿山企业环境保护和生态修复工作，减少开采活动对生态环境的影响；可以推动矿山企业加强社会责任和文化建设，树立良好的企业形象和品牌声誉。

4.1.3 坚持生态优先、节约集约、绿色低碳发展，将节能减污降碳理念贯穿绿色矿山建设、评价全过程

［解析］**本条是推动矿业高质量发展的重要举措，全面概括了绿色矿山建设的核心理念和发展方向。**

（1）坚持生态优先

生态优先是绿色矿山建设的首要原则。它要求矿山企业在开发矿产资源的过程中，将生态环境保护放在首要位置，确保矿山开发活动不对生态环境造成破坏，甚至通过科学规划和合理开发，促进生态环境的修复和改善。主要体现在：

1）保护生物多样性：矿山开发应尽量避免对周边生态系统造成破坏，保护野生动植物的栖息地。

2）防止水土流失：采取工程措施和生物措施相结合的方法，减少开采活动对地形地貌的破坏，防止水土流失。

3）恢复矿区生态：对开采后的矿区进行生态修复，恢复植被覆盖，提高土地生产力。

（2）坚持节约集约

节约集约是指在矿产资源开发过程中，通过科学规划、合理布局、优化流程等措施，提高矿产资源的利用效率，减少资源浪费。同时，通过技术创新和管理创新，实现矿山企业的可持续发展。主要体现在：

1）提高资源利用率：采用先进的开采技术和设备，提高矿产资源的回采率和选矿回收率。

2）优化开采布局：根据矿区地质条件和资源储量，合理设计开采方案，避免过度开采和浪费。

3）推广循环经济：实现矿山废弃物的资源化利用，将矿山开发过程中的废弃物转化为有用的资源。

（3）坚持绿色低碳发展

绿色低碳发展是指在矿产资源开发过程中，采用低碳技术、清洁能源和环保措施，减少温室气体排放和污染物排放，推动矿山企业向绿色低碳方向转型。主要体现在：

1）推广低碳技术：采用先进的节能技术和设备，提高能源利用效率，减少能源消耗和碳排放。

2）使用清洁能源：在矿山生产和矿区生活中，优先使用清洁能源，如太阳能、风能等，减少对化石能源的依赖。

3）实施环保措施：加强废水、废气和固体废弃物的治理，确保矿山开发活动不对周边环境造成污染。

（4）将节能减污降碳理念贯穿绿色矿山建设、评价全过程

节能减污降碳理念是绿色矿山建设的重要指导原则。它要求矿山企业在绿色矿山建设的全过程中，始终贯彻节能减污降碳的理念，将这一理念融入矿山规划、建设、运营和评价的各个环节。主要体现在：

1）绿色矿山规划：在矿山规划阶段，将节能减污降碳理念融入矿山布局、开采方式、环境保护等方面。

2）绿色矿山建设：在矿山建设阶段，选用节能技术和设备，实施环保措施，减少能源消耗和污染物排放。

3）绿色矿山运营：在矿山运营阶段，加强能源管理，优化生产流程，提高资源利用效率，减少碳排放。

4）绿色矿山评价：在绿色矿山评价阶段，将节能减污降碳成效作为重要评价指标，确保矿山企业实现绿色低碳发展。

4.1.4 坚持因地制宜，人工引导与自然恢复相结合，使生态系统功能得到恢复或改善

［解析］本条是生态系统恢复与改善的重要原则和方法。应根据具体情况制定针对性的措施，充分发挥人工引导和自然恢复的优势，促进生态系统的可持续发展。

（1）坚持因地制宜

因地制宜是指根据当地的自然资源、气候条件、地理环境等情况，制定符合实际情况的生态系统恢复与改善方案。不同地区的生态系统具有不同的特点和问题，因此不能采取“一刀切”的方法，而应根据具体情况进行具体分析，制定针对性的措施。主要体现在：

1）针对性强：因地制宜的原则能够确保生态系统恢复与改善措施更加符合当地的实际需求，提高措施的有效性和可行性。

2）资源合理利用：根据当地的自然条件和资源状况，合理利用资源，避免浪费和破坏，促进生态系统的可持续发展。

（2）坚持人工引导与自然恢复相结合

人工引导是指通过人工手段，如植树造林、种草、湿地恢复等，促进生态系统的恢复与改善。自然恢复则是指依靠自然界的自我修复能力，使受损的生态系统逐渐恢复正常。人工引导与自然恢复相结合，即在充分发挥自然恢复能力的基础上，通过人工手段加以引导和辅助，加速生态系统的恢复进程。主要体现在：

1）加速恢复：人工引导可以加速生态系统的恢复进程，缩短恢复时间，提高恢复效率。

2）保持生态平衡：自然恢复能够保持生态系统的自然平衡和稳定性，避免因人工过度干预造成的生态失衡。

3）实现综合效益：人工引导与自然恢复相结合，可以充分发挥两者的优势，实现生态、经济和社会效益的统一。

（3）使生态系统功能得到恢复或改善

生态系统功能包括物质循环、能量流动、信息传递等，是生态系统存在和发展的基础。通过因地制宜、人工引导与自然恢复相结合的方法，可以使受损的生态系统功能得到恢复或改善，提高生态系统的稳定性和抵抗力。主要体现在：

1）恢复或改善生态系统功能，可以提高生态系统的稳定性，增强其对外界干扰的抵抗力和恢复力。

2）生态系统功能的恢复或改善，有助于保护生物多样性，维护生态平衡和生态安全。

3）健康的生态系统是可持续发展的重要基础，可以推动经济、社会和环境的协调发展。

4.2 一般要求

4.2.1 矿山生产应运营正常，且评价期未被列入矿业权人勘查开采信息公示系统异常名录或严重失信名单

［解析］本条规定了不能正常生产运营及被列入矿业权人勘查开采信息公示系统异常名录或严重失信名单的矿山不能开展绿色矿山评价。

进入绿色矿山名录库的矿山须对矿山企业生产运营状态和信用状况有具体且明确的要求，这样既体现了对矿山企业合法合规经营的要求，也体现了对矿山企业社会信用体系建设的重视。

（1）国家政策依据

《国务院办公厅关于进一步完善失信约束制度　构建诚信建设长效机制的指导意见》（国办发〔2020〕49号）中明确要求，严格依法依规，失信行为记录、严重失信主体名单认定和失信惩戒等事关个人、企业等各类主体切身利益，必须严格在法治轨道内运行。

（2）评价

评价是对人或事物进行判断、分析后得出的结论。它本质上是一个判断的处理过程，通过计算、观察和咨询等方法，对评价对象的各个方面进行量化和非量化测量，最终得出一个可靠并且有逻辑的结论。

评价的主要作用有：

1）诊断作用：评价可以了解评价对象的实际情况，发现问题和不足。

2）鉴定与选拔：评价可以作为选拔、评优、配置资源等决策的依据。

3）导向功能：评价可以引导评价对象朝着既定的目标发展。

4）激励功能：评价可以激发评价对象的内在动力，提高其积极性和创造性。

绿色矿山评价是对绿色矿山建设水平的评价，第三方的评价是进入绿色矿山名录的重要依据。

（3）矿山生产应运营正常

矿山生产运营正常是指矿山企业按照既定的生产计划、安全规范和环保要求，有序地进行矿产资源的开采、加工和销售等活动。体现在矿山企业的生产设备设施完好，生产技术和管理水平稳定，能够持续、稳定地提供矿产品，满足市场需求。运营正常的重要性如下：

1）运营正常是矿山企业生存和发展的基础。只有运营正常，矿山企业才能保持稳定

的产量和效益，为企业的持续发展提供有力保障。

2）运营正常是矿山企业履行社会责任的前提。矿山企业在追求经济效益的同时，还必须关注安全生产、环境保护等社会责任，而运营正常是履行这些责任的基础。

（4）全国矿业权人勘查开采信息管理系统异常名录[1]

矿业权人勘查开采信息公示系统异常名录是一个用于记录和管理存在违法违规行为或未按规定履行相关义务的矿业权人信息的平台，用于记录和公示在勘查开采活动中存在违法违规行为或未按规定履行相关义务的矿业权人信息，以提醒其履行相关义务，并接受社会监督。

A.《矿业权人勘查开采信息管理办法》的规定

《矿业权人勘查开采信息管理办法》（中华人民共和国自然资源部令第13号）于2024年7月1日起施行。矿业权人勘查开采信息按照“谁产生，谁填报”的原则，由矿业权人和县级以上人民政府自然资源主管部门在全国矿业权人勘查开采信息管理系统中负责填报，并依照本办法规定向社会公示。矿业权人应当于每年3月31日前填报上一年度的勘查开采信息，上一年度设立的矿业权至最迟填报日不满六个月的除外。县级以上人民政府自然资源主管部门应当于勘查开采信息产生之日起三十日内填报。矿业权人有下列情形之一的，应当将其列入异常名录，并在全国矿业权人勘查开采信息管理系统中予以标注：①未按照规定的期限和要求填报公示勘查开采信息的；②填报勘查开采信息不真实的；③违反矿产资源管理法律法规等有关规定依法受到行政处罚，但是未达到严重失信主体认定标准的；④其他应当列入异常名录的情形。矿业权人在全国矿业权人勘查开采信息管理系统中漏填、错填勘查开采信息，但是在规定期限内完成整改的，可以不列入异常名录。

县级以上人民政府自然资源主管部门对列入异常名录的矿业权人，可以实施下列管理措施：①列为重点监管对象，依法严格监管；②在评优评先等方面予以重点审查；③将有关信息提供给有关部门查询，可以供其在相关信用管理工作中参考使用；④法律法规规定的其他管理措施。

B.《矿山地质环境保护规定》的规定

根据2019年7月16日自然资源部第2次部务会议审议通过的《自然资源部关于第一批废止修改的部门规章的决定》，修改《矿山地质环境保护规定》有关规定：

第二十六条　违反本规定，应当编制矿山地质环境保护与土地复垦方案而未编制的，或者扩大开采规模、变更矿区范围或者开采方式，未重新编制矿山地质环境保护与土地复垦方案并经原审批机关批准的，责令限期改正，并列入矿业权人异常名录或严重违法名单；逾期不改正的，处3万元以下的罚款，不受理其申请新的采矿许可证或者申请采矿许可证延续、变更、注销。

第二十七条　违反本规定，未按照批准的矿山地质环境保护与土地复垦方案治理的，

[1] 参考网址：https://kyqgs.mnr.gov.cn。

或者在矿山被批准关闭、闭坑前未完成治理恢复的，责令限期改正，并列入矿业权人异常名录或严重违法名单；逾期拒不改正的或整改不到位的，处3万元以下的罚款，不受理其申请新的采矿权许可证或者申请采矿权许可证延续、变更、注销。

（5）严重失信名单

严重失信名单，也称为“黑名单”，是指在社会信用体系中，由于个人或组织存在严重违法失信行为，被相关政府部门或监管机构列入的一种信用惩戒机制。

《矿业权人勘查开采信息管理办法》规定，矿业权人违反矿产资源管理法律法规等有关规定，依法受到较重行政处罚的将其认定为严重失信主体。主要包括：①依照行政处罚裁量基准，按照从重处罚原则处以罚款的。②吊销勘查许可证、采矿许可证的。③一年内因同一矿业权受到两次及以上行政处罚的。④以欺骗、贿赂等不正当手段取得勘查许可证、采矿许可证，依照《中华人民共和国行政许可法》有关规定受到较重行政处罚的。⑤超越登记的期限、范围勘查、开采矿产资源，依照《中华人民共和国矿产资源法》及矿产资源管理有关行政法规规定受到较重行政处罚的。⑥未按照规定实施矿山地质环境治理恢复和土地复垦，或者矿山地质环境治理恢复和土地复垦未达到规范要求，依照《中华人民共和国土地管理法》及土地复垦、矿山地质环境保护有关行政法规和部门规章规定受到较重行政处罚的。⑦未按照规定的期限汇交地质资料，伪造地质资料或者在地质资料汇交中弄虚作假，依照《地质资料管理条例》有关规定受到较重行政处罚的。⑧未按照规定备案、报告有关情况，或者伪造矿产资源储量报告、矿山储量年度报告，弄虚作假，依照矿产资源管理有关行政法规规定受到较重行政处罚的。⑨未达到矿产资源合理开发利用“三率”最低指标；未按照规定开展综合开采、综合利用，对尚不能利用的矿产资源（包括共伴生矿产）未采取保护性措施，或者采取破坏性的开采方法开采矿产资源，造成矿产资源损失破坏，依照《中华人民共和国矿产资源法》及有关法律、行政法规规定受到较重行政处罚的。⑩未按照规定缴纳相关费用，依照矿产资源管理有关行政法规规定受到较重行政处罚的。⑪未按照规定办理勘查许可证、采矿许可证注销登记手续，依照矿产资源管理有关行政法规规定受到较重行政处罚的。⑫法律法规规定其他应当认定为严重失信主体的。

4.2.2 矿区范围及其环境污染直接影响范围应符合生态环境分区管控要求。矿山企业应按要求取得环境影响评价、排污许可等生态环保相关手续，并严格落实

［**解析**］**本条强调了矿区开发和矿山企业在环境保护方面的责任和义务。**

（1）相关的法规、文件

1）《中共中央办公厅 国务院办公厅关于加强生态环境分区管控的意见》（2024年3月6日）明确了生态环境分区管控是以保障生态功能和改善环境质量为目标，实施分区域差异化精准管控的环境管理制度，是提升生态环境治理现代化水平的重要举措。实施生态环境分区管控，严守生态保护红线、环境质量底线、资源利用上线，科学指导各类开发保护

建设活动，对于推动绿色发展，促进人与自然和谐共生的现代化具有重要意义。

2）为贯彻落实《中共中央办公厅 国务院办公厅关于加强生态环境分区管控的意见》，完善全域覆盖的生态环境分区管控体系，生态环境部于2024年7月6日印发了《关于印发〈生态环境分区管控管理暂行规定〉的通知》，用于指导生态环境分区管控方案制定发布、实施应用、调整更新、数字化建设、跟踪评估和监督管理等工作。

3）为了防止建设项目产生新的污染、破坏生态环境，1998年11月29日中华人民共和国国务院令第253号发布了《建设项目环境保护管理条例》，根据2017年7月16日《国务院关于修改〈建设项目环境保护管理条例〉的决定》修订，并于2017年10月1日起施行。该条例明确了“国家实行建设项目环境影响评价制度”。

4）为了加强排污许可管理，规范企业事业单位和其他生产经营者排污行为，控制污染物排放，保护和改善生态环境，根据《中华人民共和国环境保护法》等有关法律，制定了《排污许可管理条例》，该条例明确规定“依照法律规定实行排污许可管理的企业事业单位和其他生产经营者，应当依照本条例规定申请取得排污许可证；未取得排污许可证的，不得排放污染物”。

（2）生态环境分区管控

《生态环境分区管控管理暂行规定》提出，生态环境分区管控是以保障生态功能和改善环境质量为目标，实施分区域差异化精准管控的环境管理制度，在生态环境源头预防体系中具有基础性作用。它是基于区域生态环境特征，将国土空间划分为不同的环境管控单元，针对不同单元制定差异化的环境保护和管理政策，以实现生态环境的有效保护和管理。

A. 基础

生态环境分区管控的重要基础是“三线一单”，即生态保护红线、环境质量底线、资源利用上线和生态环境准入清单。

B. 主要内容

生态环境分区管控包含划定环境管控单元和制定生态环境准入清单两方面的内容。

1）划定环境管控单元：基于生态环境结构、功能、质量等区域特征，通过环境评价，在大气、水、土壤、海洋等各生态环境要素管理分区的基础上，划定生态环境优先保护单元、重点管控单元和一般管控单元。优先保护单元是指以生态保护红线为基础，将生态环境敏感区、脆弱区等需要严格保护的区域划定的单元，实施最严格的保护措施；重点管控单元是指针对生态环境质量改善压力大、资源能源消耗强度高、污染物排放集中、生态破坏严重、环境风险高的区域，实施针对性的重点管控措施；一般管控单元是指除优先保护单元和重点管控单元以外的其他区域，实施一般管控措施。

2）制定生态环境准入清单：根据生态环境功能定位和国土空间用途管制要求，聚焦解决突出生态环境问题，系统集成现有生态环境管理规定，精准编制差别化生态环境准入清单，提出管控污染物排放、防控环境风险、提高资源能源利用效率等要求。

C. 意义

1）推动高质量发展：生态环境分区管控有助于优化空间布局、调整产业结构、推动绿色发展，为经济社会高质量发展提供有力支撑。

2）提升环境治理效能：通过分区域差异化精准管控，可以更加科学地指导各类开发保护建设活动，提高环境治理的针对性和有效性。

3）保护生态环境：生态环境分区管控有助于严守生态保护红线、环境质量底线、资源利用上线，维护生态安全格局，保障生态功能。

（3）矿区范围及其环境污染直接影响范围的要求

矿区范围及其可能产生的环境污染直接影响范围，必须符合当地生态环境分区管控的要求。即矿区的规划和开发需要考虑其对周边生态环境的影响，确保不会超出当地生态环境所能承受的范围。

A. 矿区范围

矿区的范围是指可供开采矿产资源的整体区域，包括矿区内拐点坐标所确定的立体空间区域，以及矿区开采范围、程度、强度、深度等相关因素。矿区范围的划定是矿产资源开发利用管理的重要环节，直接关系矿产资源的合理开发、利用和保护。矿区范围通常包括矿区内实际的开采作业区，以及与之相关的井巷工程设施分布范围或露天剥离范围。

矿区范围的划定需要考虑多个因素，包括地质条件、矿产资源储量、开采技术条件、环境保护要求等。在划定矿区范围时，应进行详细的地质勘探和矿产资源评估，确保矿区范围内的矿产资源具有开采价值。同时，还应充分考虑环境保护要求，避免对周边环境造成不可逆转的破坏。

B. 矿区可能产生的环境污染直接影响范围

矿区开采活动往往伴随着一系列的环境污染问题，这些污染问题不仅影响矿区内部环境，还可能对周边环境产生直接影响。矿区可能产生的环境污染直接影响范围主要包括以下五个方面。

1）大气污染：矿区开采过程中的钻孔、爆破、矿石破碎、运输等环节产生的粉尘，以及矿区内的工业窑炉、燃煤排放形成的有害气体等。粉尘等污染物在大气中扩散，可能影响矿区周边一定范围内的空气质量，对居民健康和环境造成威胁。

2）水体污染：矿区开采过程中的矿井水、矿物加工废水、煤矸石（废石）淋滤水、矿区生活污水等。这些废水中含有大量的悬浮物、煤粉、石油污染物、重金属和放射性物质等有害物质。废水若未经处理或处理不达标就直接排放，可能污染矿区周边的地表水和地下水，影响水生态系统平衡，甚至对居民饮用水安全构成威胁。

3）土壤污染：矿区开采过程中的煤矸石自燃，以及粉尘、废水、废气排放等形成的污染物进入土壤后，可能改变土壤结构和性质，影响土壤的肥力和生态功能。土壤污染可能影响矿区周边的农田、林地等土地利用类型，对农作物生长和生态环境造成长期影响。

4）噪声污染：矿区开采过程中的机械设备作业声、运输车辆行驶声造成的污染等。噪声污染可能影响矿区周边的居民生活和工作，对居民健康和生活质量造成不利影响。

5）生态破坏：矿区开采过程中对地表、植被造成的破坏等。这些开采活动可能改变原有的生态系统结构和功能，影响生物多样性。生态破坏也可能影响到矿区周边的生态环境，导致生态功能退化、水土流失等问题。

C. 其他说明

1）环境影响的累积效应：矿区开采活动对环境的影响往往具有累积效应。随着开采时间的延长和开采强度的增加，矿区周边的环境问题可能逐渐加剧。因此，在矿区规划和开采过程中，应充分考虑环境影响的累积效应，制定科学合理的环保措施和生态修复方案。

2）环境影响的区域差异：不同矿区的环境条件和开采方式存在差异，因此对环境的影响范围和程度也可能不同。在矿区规划和开采过程中，应充分考虑区域差异，制定针对性的环保措施和生态修复方案。

3）环保措施和生态修复的重要性：为了减少矿区开采活动对环境的影响，应采取有效的环保措施和生态修复方案。这些措施和方案应包括废水处理、废气治理、噪声控制、生态恢复等方面。通过实施这些措施和方案，可以降低矿区开采活动对环境的影响，保护居民健康和生态环境。

（4）矿山企业的生态环境保护责任

矿山企业在进行矿业活动前，必须按照相关法律法规的要求，取得环境影响评价（Environmental Impact Assessment，简称 EIA）和排污许可等生态环境保护相关手续。这是矿山企业承担生态环境保护责任的重要体现，也是确保矿业活动与生态环境保护相协调、相促进的关键环节。

A. 基础

1）EIA：是对规划和建设项目实施后可能造成的环境影响进行分析、预测和评估，提出预防或者减轻不良环境影响的对策和措施，并进行跟踪监测的方法与制度。对于矿山企业，EIA 是确保开始矿业活动前就充分考虑其对生态环境可能产生的影响，并制定相应的防治措施。企业需按照 EIA 报告书（表）中提出的环保措施和要求进行矿业活动，确保环境影响得到有效控制。

备案登记表：按照国务院关于简政放权的要求，生态环境部对环境影响较小的建设项目实行环评登记表备案管理，这类建设项目需要备案登记，企业主动履行环保义务。

报告表：编制人员先到现场实地勘查并收集资料，必要情况下对企业现状进行环境质量检测，然后着手编制环评报告表；编制完成后，由企业或生态环境保护主管部门组织专家、业主、环评单位召开环评评审会议，提出整改意见，待整改完成后，业主需将环评报告表进行公示，直到收到生态环境保护主管部门的审批意见后，环评工作结束。

报告书：办理流程与报告表几乎一致，但报告书主要针对特大产能或污染严重的行业企业，投入的人力、物力和财力更大，编制周期更长，而且必须是市级以上生态环境保护主管部门才有权进行审批。

2）排污许可：指环境保护行政主管部门根据排污单位的申请，依法审核并颁发排污许可证，准予排污单位按照许可证规定的指标、浓度、方式等排放污染物的行为。对于矿山企业，取得排污许可是其合法排放污染物的必要条件。矿山企业需按照排污许可证的规定进行污染物排放，确保排放的污染物种类、浓度、总量等符合国家和地方标准。

B. 责任的具体内容

1）遵守法律法规和政策要求：矿山企业必须严格遵守国家关于矿产资源开发利用、生态环境保护、污染防治等方面的法律法规和政策要求。这包括但不限于《中华人民共和国矿产资源法》《中华人民共和国环境保护法》《矿山地质环境保护规定》等相关法律法规。

2）落实生态环境保护方案：矿山企业应制定并落实矿山开发利用、生态修复、环境保护等方案，明确绿色矿山建设任务和进度，确保在矿产资源开发过程中，同步实施生态环境保护措施。

3）执行绿色开采标准：矿山企业应按照绿色矿山建设标准，采用科学、合理、环保的开采方式和技术手段，减少对生态环境的破坏。例如，采用先进的爆破技术减少粉尘产生，实施“边开采、边修复”的策略，及时恢复治理开采过程中破坏的土地和生态环境。

4）加强污染防治：矿山企业应加强废水、废气、废渣等污染物的防治工作，确保各类污染物达标排放。对于废水，应采取净化处理措施；对于废气，应安装除尘、脱硫、脱硝等净化设施；对于废渣，应进行安全处置和资源化利用。

5）实施生态修复工程：矿山企业应对开采过程中破坏的土地和生态进行修复治理，恢复土地的使用功能和生态价值。修复措施包括但不限于土地复垦、植被恢复、水土流失防治等。

6）接受社会监督：矿山企业应主动公开生态环境保护信息，接受政府、社会组织和公众的监督。建立申诉回应机制，畅通与受矿山影响的社区等利益相关方的沟通渠道，及时回应社会关切。

（5）严格落实环保措施

严格落实环保措施是矿山企业实现可持续发展、履行社会责任的必然要求。

A. 明确环保责任与目标

成立专门的环保管理部门或委员会，负责监督和管理企业的环保工作；配备专业的环保管理人员和技术人员，确保环保措施得到有效执行；制定详细的环保政策和管理制度，明确环保工作的目标、责任人和具体执行措施；确保环保政策与国家和地方的环保法律法规相衔接，并随着法律法规的更新而及时调整。

B. 实施环保措施与技术

在项目启动前，进行EIA，以识别潜在的环境影响，并制定减缓措施；取得排污许可，并按照许可要求严格控制污染物的排放。

建立废水处理设施，确保废水经处理后达到排放标准；推广废水循环利用技术，减少新水使用量；配备除尘、脱硫、脱硝等废气治理设施，确保废气达标排放；推广清洁生产技术，减少废气产生量；对采矿过程中产生的废渣进行分类堆放，采取防扬散、防流失、防渗漏措施；推广废渣综合利用技术，如将废渣用于建筑材料、回填等；选用低噪声设备，采取隔音、消声等措施，降低噪声对周边环境的影响；合理布局设备，减少噪声传播；对采矿破坏的土地进行复垦和植被恢复，恢复土地的使用功能和生态价值；推广生态修复技术，如生物修复、物理修复等。

C. 加强环保设施建设与运行管理

矿山企业应投入足够的资金，建设和运行先进的环保设施；定期对环保设施进行维护和更新，确保其正常运行和有效处理污染物；建立健全环保设施监测和检查制度，定期对环保设施进行监测和检查；及时发现并处理环保设施运行中的问题，确保污染物得到有效处理。

D. 提升员工环保意识与技能

定期对员工进行环保培训和教育，提高员工的环保意识和操作技能；推广环保文化，鼓励员工积极参与环保活动；设立环保奖励机制，对在环保工作中表现突出的员工进行表彰和奖励；鼓励员工提出环保改进建议，对有价值的建议进行采纳和实施。

4.2.3 资源开发应采用资源节约、环境友好的开采方式，最大限度地减少资源开发对周边环境的扰动，实现共伴生矿产资源综合开采、综合利用

［解析］本条是对资源开发过程中采用资源节约、环境友好的开采方式的要求。

（1）资源节约、环境友好的开采方式

资源节约、环境友好的开采方式是指在矿产资源开发过程中，通过采用先进的科学技术和管理手段，最大限度地减少对生态环境的影响，实现资源开发利用与环境保护协调发展的采矿方式。

A. 资源节约

1）提高资源开采率：采用高效的采矿设备和技术，提高资源开采率，减少资源浪费；推广使用充填采矿法等方法，提高资源回收率，减少矿石贫化。

2）优化开采工艺：通过优化开采工艺，减少不必要的开采量，避免过度开采；加强对共伴生矿产资源的勘探和评价，制定合理的综合开采方案，提高资源综合利用率。

3）发展循环经济：推广资源循环利用技术，将开采过程中产生的废渣、废水等废弃物进行资源化利用；鼓励和支持矿山企业开展资源综合利用项目，提高资源利用效率。

B. 环境友好

1）保护生态环境：在开采过程中，采取必要的生态保护措施，减少对生态环境的破坏；对开采区域进行生态修复和治理，恢复生态环境的功能和价值。

2）减少污染物排放：采用清洁生产技术，减少废水、废气和固体废物的排放；对产生的污染物进行达标处理，确保排放符合国家和地方的环保标准。

3）推广绿色采矿技术：使用清洁能源和新能源，减少对传统能源的依赖和排放；推广使用绿色采矿技术和设备，如智能开采、远程监控等，降低对环境的扰动。

C. 综合效益

1）经济效益：通过提高资源开采率和综合利用率，降低生产成本，提高企业的经济效益；推广资源循环利用技术，增加企业的收入来源。

2）社会效益：减少对环境的破坏和污染，提高公众对矿山企业的满意度和信任度；促进当地经济的可持续发展，为当地居民提供更多的就业机会。

3）环境效益：保护生态环境，维护生态系统的平衡和稳定；减少对自然资源的消耗和浪费，实现资源的可持续利用。

D. 开采方式

1）科学规划与合理布局：在项目启动前，应进行充分的环境影响评估，了解开发区域的生态特点、物种分布、水资源状况及土壤条件等，制定科学合理的开发规划；避开生态敏感区域，如湿地、自然保护区和珍稀物种栖息地，减少对环境的影响；优化矿山布局，合理设计开采顺序和方法，提高资源开采率。

2）采用先进工艺技术和设备（邓久帅等，2022）：推广使用先进的开采技术和设备，如高效节能的采矿机械、自动化控制系统等，提高资源开采率，降低能耗；引进绿色开采技术，如充填采矿法、无废或少废开采技术等，减少废石和尾矿的排放，降低对环境的扰动；配备完善的废水处理系统，实现废水的循环利用或达标排放，减少对水资源的污染。

3）贯彻"边开采、边恢复"的原则：在资源开采过程中，及时治理恢复矿山地质环境，复垦矿山压占和损毁土地，确保开采活动结束后，矿区生态环境得到有效恢复；建立环境监测机制，配备专职管理人员和监测人员，定期对矿区环境进行监测和评估，及时发现并处理环境问题。

（2）减少资源开发对周边环境的扰动

资源开发对周边环境的扰动，是指资源开采活动对自然生态环境、社会经济结构、居民生活质量等方面产生的直接或间接的不利影响。

A. 资源开发对周边环境的扰动的体现形式

1）生态环境破坏：如土地占用、地表塌陷、水土流失、植被破坏、水资源污染等。

2）地质灾害：如泥石流、滑坡、地面沉降等，这些灾害往往由不合理的开采活动引发。

3）社会影响：如居民搬迁、就业压力、文化景观破坏等，这些影响可能涉及当地居民的生活质量和文化遗产保护。

B. 最大限度地减少资源开发对周边环境的扰动

1）控制污染物的排放：严格控制矿山废水、废气和废渣的排放，确保排放达标；对产生的污染物进行无害化处理或资源化利用，如将废石用于采矿充填、生产建筑材料等，减少废弃物的产生；推广使用清洁能源，减少矿山运输过程中的碳排放。

2）保护生态环境：在开采过程中，保留原生自然环境，减少对环境的扰动；加强对矿区生态环境的保护，如保护植被、防止水土流失等，维护生态系统的平衡和稳定；建立生态补偿机制，对因开采活动受到损害的生态环境进行修复和补偿。

（3）共伴生资源

A. 概念

共伴生资源是指在同一矿床（或矿区）内，存在的两种或多种矿产资源。

1）共生资源：指在同一矿床（或矿区）内，存在的两种或多种含量达到工业品位、具有工业价值的矿产资源。这些矿产往往在同一矿体中紧密共生、难以分离，需要综合考虑其开发利用。

2）伴生资源：指赋存于主矿产中，含量相对较低，未达工业品位，但在开采和加工主要矿产时，可以综合回收利用的矿产资源。伴生资源虽然含量不高，但在选冶过程中具有回收利用的价值。

B. 综合勘查

综合勘查是指在勘查主要矿产的同时，对共伴生矿产也进行勘查和评价的工作。它要求对矿床（或矿区）内的所有矿产资源进行全面系统的调查，摸清其种类、数量、质量及分布规律。综合勘查的内容包括矿床（或矿区）的地质特征、矿体形态、产状、规模、矿石品位、品级、类型等，以及共伴生矿产的种类、含量、分布规律等。其目的是全面掌握矿床（或矿区）内的矿产资源情况，为后续的矿产资源规划、开发、利用和保护提供科学依据。通过综合勘查，可以优化矿产资源配置，提高矿产资源利用率，实现矿产资源的可持续利用。

C. 综合评价

综合评价是指在综合勘查的基础上，对共伴生矿产的资源价值、开发利用条件、环境影响等进行全面系统的评估。综合评价的内容包括共伴生矿产的资源量、品位、选冶性能、开采技术条件、市场需求、经济效益、环境影响等。评价工作需要运用地质学、采矿学、选矿学、经济学、环境科学等多学科的知识和方法，对共伴生矿产的开发利用潜力进行综合评估。综合评价的结果可以为矿产资源的规划、开发、利用和保护提供科学依据。通过科学合理地评价共伴生矿产的资源价值，可以优化矿产资源配置，提高矿产资源综合利用率，实现矿产资源的可持续利用。

D. 综合开采

综合开采是指在开采主矿产的同时，对共伴生矿产也进行开采和回收的工作。它要求根据共伴生矿产的种类、含量、分布规律，以及开采技术条件等因素，制定合理的开采方案，确保共伴生矿产的有效回收。综合开采的内容包括开采方法的选择、开采顺序的安排、选矿工艺的确定等。开采工作需要根据共伴生矿产的实际情况，采用先进的开采技术和设备，确保开采率和资源回收率。综合开采可以提高矿产资源的综合利用率，减少资源浪费和环境污染。通过科学合理地开采共伴生矿产，可以实现矿产资源的最大化利用，促进矿业经济的可持续发展。

E. 综合利用

综合利用是指在开采和加工矿产资源的过程中，对共伴生矿产进行综合回收和利用的工作。它要求对共伴生矿产进行深加工和综合利用，提高其附加值和经济效益。综合利用的内容包括共伴生矿产的选冶、加工、提炼等环节。通过采用先进的选冶技术和设备，对共伴生矿产进行深加工和综合利用，可以提取出有价值的产品，如金属、非金属、稀土元素等。综合利用可以促进矿产资源的节约和集约利用，提高矿产资源的附加值和经济效益。通过科学合理地利用共伴生矿产，可以实现矿产资源的最大化利用，促进矿业经济的转型升级和高质量发展。

4.2.4 矿山生产应满足节能减排的要求，矿区生态环境应得到综合治理和修复，区域生态系统应良性发展

［解析］本条是对矿山生产过程中环境保护的总体要求。

（1）矿山生产满足节能减排的要求

节能减排是节约能源和减少环境有害物排放。

矿山生产满足节能减排的要求，是响应国家绿色发展战略、推动行业可持续发展、保护生态环境的重要举措。它有助于降低能源消耗，减少温室气体排放，缓解资源环境压力，促进经济与环境的协调发展。

主要体现在如下四个方面。

1）优化设备选型：选择高效节能的设备，替换老旧低效的设备，以提高能源利用效率。例如，采用节能型电机、变频调速装置等。

2）改进生产工艺：优化开采和选矿流程，减少不必要的能源消耗和废弃物产生。例如，采用连续采矿技术、阶段选别工艺等。

3）能源回收利用：对矿山生产过程中产生的余热、余压等进行回收利用，提高能源利用效率。例如，利用矿井通风系统排出的余热进行发电或供暖。

4）智能化管理：引入智能化管理系统，实时监测能源消耗和排放情况，实现精细化管理。通过数据分析，及时发现能源浪费问题并采取措施加以解决。

（2）矿区生态环境应得到综合治理和修复

生态环境的综合治理是指针对已经遭到破坏或受到威胁的生态环境，运用经济、科技、法律、教育及行政等多种手段，进行系统性、综合性的治理和修复，以恢复生态系统的平衡和稳定，实现人与自然的和谐共生。

生态修复是指对已经受到破坏或退化的生态系统，通过停止人为干扰、减轻负荷压力，并充分利用生态系统的自我调节能力与自组织能力，或者辅以人工措施，使其逐步恢复或向良性循环方向发展的过程。

矿产资源开采活动往往导致矿区土地退化、水土流失、植被破坏、水体污染等严重的生态和环境问题，这些问题不仅影响了矿区的可持续发展，也对周边地区的生态环境和居民生活造成了负面影响。因此，对矿区生态环境进行综合治理和修复，恢复其生态功能，是保护生态环境、促进矿区可持续发展的重要举措。矿区生态环境综合治理和修复的主要目标是恢复矿区的自然生态系统，提高土地的生产力和生态服务功能，减少环境污染，促进矿区经济、社会和环境的协调发展。

生态环境的综合治理和修复主要体现在以下四个方面。

1）土地复垦与生态重建：对矿山开采过程中破坏的土地进行复垦和生态重建，恢复土地的生产力和生态功能。例如，采用植树种草、客土覆盖等措施。

2）水体污染控制与治理：对矿山废水进行处理和回收利用，防止水体污染。例如，建立污水处理系统，采用物理、化学和生物相结合的处理方法去除废水中的污染物。

3）固体废弃物处理与资源化利用：对矿山产生的固体废弃物进行分类处理和资源化利用。例如，将废石用于建筑材料生产，将尾矿用于土壤改良和矿山复垦等。

4）生态修复技术创新：积极探索和应用先进的生态修复技术，提高修复效果和效率。例如，采用微生物修复技术、植物修复技术等。

（3）区域生态系统良性发展

区域生态系统是指在一定的地域空间内，由生物群落与无机环境相互作用而形成的统一整体。它涵盖了该区域内的所有生物（包括生产者、消费者和分解者），以及非生物环境（如土壤、水、空气、光照、温度等），这些组成部分通过物质循环、能量流动和信息传递等过程相互依存、相互影响，共同构成了一个复杂而动态的平衡系统。

1）加大对区域生态系统的保护力度，防止人为破坏和污染。例如，建立自然保护区、生态廊道等。

2）鼓励和支持绿色矿山建设，支持矿山企业采用绿色、低碳、循环的生产方式，推动区域绿色发展。例如，推广清洁能源技术、实施清洁生产等。

3）及时对区域生态系统受损区域进行治理和修复，恢复其生态功能。例如，开展水土流失治理、湿地恢复等工作。

4）在保护生态环境的前提下，合理利用区域资源，促进经济与环境的协调发展。例如，发展生态旅游、生态农业等绿色产业。

4.2.5 矿山企业应管理规范，履行企业社会责任，应建立绿色矿山相关管理制度，矿地关系和谐

［解析］本条体现了矿山企业在运营过程中应遵循的规范化管理要求。

（1）企业管理规范

企业管理是指对企业生产经营活动进行计划、组织、指挥、协调和控制等一系列活动的总称。它是社会化大生产的客观要求，旨在通过对企业资源（包括人力资源、物资资

源、财务资源、技术资源及信息资源等）的有效组织和管理，实现企业的目标。

矿山企业的规范化管理强调了矿山企业在运营过程中需要遵循一定的管理规范和标准，确保企业的各项活动有序、合法、合规地进行。规范化管理是企业稳健发展的基础，有助于提升企业的管理水平和效率（彭苏萍等，2022）。

（2）履行企业社会责任

企业的社会责任（Corporate Social Responsibility，简称 CSR）是指企业在谋求经济利润、对股东利益负责的同时，还需要承担对员工、消费者、社区和环境等利益相关者的责任，以维护和增进社会利益。

矿山企业履行社会责任，应坚持诚实守信，并从以下六个方面考虑。

1）在业务往来中认真履行合同制度。

2）在财务管理中，严格执行国家财务管理制度，按照国家统一的会计制度规定进行会计核算，真正做到会计资料真实完整，无账外账，与银行结算往来正常，无不良记录。

3）全面贯彻《中华人民共和国安全生产法》，避免安全生产事故。

4）严格遵守劳动保障法律法规，建立健全劳动合同制度。

5）公司社会责任与公司社会形象、品牌同等重要，坚持诚信守法，确保产品货真价实。

6）坚持节约资源和可持续发展，积极承担保护职工健康和确保职工待遇的责任。

（3）绿色矿山管理制度

绿色矿山管理制度是指为规范和引导矿山企业实现绿色矿山建设目标而制定的一系列规章制度和管理措施。也就是说，绿色矿山管理制度是指在矿山建设和生产过程中，为保护环境、合理利用资源、促进可持续发展而制定的一系列管理规定，其目的是通过规范矿山企业的行为，实现绿色矿山的建设目标。

实施绿色矿山管理制度的意义如下：

1）有助于促进矿业转型升级，提高矿山企业的竞争力和可持续发展能力。

2）有助于保护生态环境，减少矿产资源开发对生态环境的影响和破坏。

3）有助于实现资源的合理开发和高效利用，提高资源保障能力。

4）有助于促进矿区和社区的和谐发展，维护社会稳定。

（4）矿地关系和谐

矿地关系和谐是指矿山企业与矿区所在地政府、居民、环境等利益相关方之间建立起的和谐、稳定的关系。这种和谐关系体现在多个方面，包括经济、社会、文化、环境等多个层面。

1）经济层面：矿山企业作为矿区经济发展的重要支柱，通过合理开发和利用矿产资源，为当地经济发展提供动力；矿山企业通过税收、就业、投资等方式反哺当地经济，促进矿区经济社会的全面发展；矿山企业与当地政府、居民等利益相关方建立利益共享机制，确保矿产资源开发成果惠及当地民众。

2）社会层面：矿山企业注重与当地居民建立良好的关系，尊重当地风俗习惯，积极参与社区建设和社会公益活动；矿山企业加强安全生产管理，确保生产活动不对当地居民的生命财产安全构成威胁；矿山企业积极解决因资源开发产生的社会问题，如土地征用、居民搬迁、环境污染等，维护社会稳定。

3）文化层面：矿山企业尊重当地文化传统，保护文化遗产，促进文化交流与融合；矿山企业通过开展文化活动、提供文化设施等方式，丰富当地居民的精神文化生活；矿山企业注重企业文化与当地文化的结合，形成具有地方特色的企业文化。

4）环境层面：矿山企业坚持绿色开发理念，实施科学开采，减少对矿区生态环境的破坏；矿山企业加强环境保护和生态修复工作，确保矿产资源开发活动不对生态环境造成长期负面影响；矿山企业积极推广环保技术和设备，提高资源利用效率，降低环境污染。

4.2.6 矿区应功能分区布局合理，环境整洁美观

［解析］本条体现了对矿山功能区的一般性要求。

（1）功能分区的依据

《工业企业总平面设计规范》（GB 50187）规定了矿区功能分区的相关要求，主要内容包含总则、厂址选择、总体规划、总平面布置、运输线路及码头布置、竖向设计、管线综合布置、绿化布置、主要技术经济指标等方面的内容。

（2）功能分区的意义

功能分区是指工业企业的各类设施按不同功能和系统分区布置，构成一个相互联系的有机整体。从生产上看，功能分区有利于生产设施集中布置，实现专业化生产，提高生产效率，发挥生产系统的最大功能；从生活上看，功能分区有利于营造一个安全、健康、舒适的生活环境，提高职工的生活质量，调动职工的工作积极性。

除此之外，功能分区将相同类型和性质的工程设施集中靠近布置，既相互使用方便，缩短物料运输和管线的距离，节约运输能源消耗，又减小相邻同类型设施的安全间距，有利于节省用地面积。

（3）功能分区布局的要求

1）矿区的总平面布置，要充分利用地形、地势、工程地质及水文地质条件，布置建（构）筑物和有关设施，同时还要结合当地气象条件，使建（构）筑物具有良好的朝向、采光和自然通风条件。

2）生产区、管理区和生活区建筑和设施不交叉，人员活动区域相对独立，连接路线短，动静分开，既减少了占地，又使人与自然有序结合，同时更利于规范管理。

3）分区内各项设施的布置要紧凑、合理，建（构）筑物的外形宜规整。

4）工业场地布局合理。工业场地包含辅助生产区（如运输系统所在区域、物料存放区域等）和管理区。

①矿区地面总布置宜集中紧凑，矿区场地、选厂和风井等场地宜联合布置，职工住宅依托邻近城镇。②建（构）筑物、道路及各种工程管线设施的布置，应紧凑合理、相互协

调、整齐美观。③应根据建（构）筑物的功能特点，合理地分区布置。办公生活区与生产区相互独立，互不影响，将使用功能相同、工艺流程密切相关的建筑、设施布置在同一分区。④工业场地建（构）筑物布置，应充分考虑其位置受风向、朝向的影响。⑤各建（构）筑物的位置、相互之间的距离、占地面积等应符合现行相关的规程、规范等要求。⑥建（构）筑物的功能分区应根据出入工业场地的人流、物流路线合理设置场地出入口，矿井和工业场地至少设置两个出入口。⑦工业场地总平面布置应与当地规划和矿区地面总布置相互协调。

5 矿山开采

5.1 技术规范

5.1.1 矿山开采注重保护生态、降低能耗、节约资源，做到应采尽采，不断优化开拓方式，开采设计符合 GB 50197、GB 50215、GB 50598、GB 50771、GB 50830、GB 50970、GB 50988、HG/T 22815、HG/T 22816 等相关标准的规定

［解析］**本条体现了矿山开采注重生态保护、节能降耗，优化开采设计，确保符合相关的标准要求。**

随着矿山开采活动的不断发展，人们逐渐认识到，传统的开采方式往往会对生态环境造成破坏，导致资源浪费和环境污染。因此，为了实现矿山开采的可持续发展，必须优化开采方式，注重保护生态、降低能耗、节约资源。

（1）有关标准

不同类型的矿山有不同的特点，设计时遵循的标准也不同。

1）《煤炭工业露天矿设计规范》（GB 50197）规定了煤炭工业露天矿设计的技术要求和标准。适用于新建、改建、扩建的特大型和大、中型露天煤矿的初步可行性研究、可行性研究和工程设计。

2）《煤炭工业矿井设计规范》（GB 50215）规定了煤炭工业矿井设计的相关技术要求和标准。适用于设计生产能力 0.09Mt/a 及以上的新建、改建及扩建的煤炭工业矿井的初步可行性研究、可行性研究和工程设计。

3）《水泥原料矿山工程设计规范》（GB 50598）规定了水泥原料矿山的设计依据、设计原则、设计内容、设计深度等方面的要求。适用于开采石灰质、硅质及黏土质原料矿山的工程设计。

4）《有色金属采矿设计规范》（GB 50771）规定了有色金属采矿设计的技术要求和标准。适用于新建、改建和扩建的有色金属矿山预可行性研究、可行性研究和矿山工程建设的采矿设计。

5）《冶金矿山采矿设计规范》（GB 50830）规定了冶金矿山采矿设计的技术要求和标准。适用于冶金矿山新建、改建和扩建工程的采矿设计。

6）《装饰石材矿山露天开采工程设计规范》（GB 50970）适用于新建、改建、扩建装饰石材矿山露天开采工程的勘查和设计。

7)《有色金属工业环境保护工程设计规范》(GB 50988)规定了有色金属工业环境保护工程设计的各项要求。涵盖了铜、铅、锌、镍、锡、锑、汞、钴等重有色金属,铝、镁、钛等轻金属,以及硅、锗、镓等半导体材料和锂、铍、钨、钼、锆、铪、钽、铌、稀土金属及产品的制备过程。适用于有色金属工业新建、改建、扩建项目环境保护工程的设计。

8)《化工矿山钻井水溶法采矿设计规范》(HG/T 22815)规定了化工矿山采用钻井水溶法进行采矿时的设计规范。适用于化工矿山中采用钻井水溶法开采的矿种,如钾盐、芒硝、天然碱。

9)《化工矿山盐湖卤水矿采矿设计规范》(HG/T 22816)规定了盐湖卤水矿采矿设计标准。适用于新建、改建和扩建的化工矿山盐湖卤水矿的采矿设计。

(2)保护生态

矿山开采往往会对周边的生态环境造成一定影响,如破坏植被、污染水源等。因此,在开采过程中,应采取有效的生态恢复和补偿措施,如植树造林、恢复植被、治理水土流失等,以减轻开采对生态环境的破坏。

(3)降低能耗

矿山开采是一个高强度消耗能源的过程,涵盖了采矿、选矿、冶炼等各个环节。为了降低开采成本并减少温室气体排放,缓解全球气候变暖问题,矿山开采应注重采用节能技术和设备,提高能源利用效率,例如使用高效节能的采矿机械,以及优化开采流程等。

(4)节约资源

矿产资源储量有限且不可再生,在开采过程中应珍惜并合理利用,避免浪费和过度开采。同时,要加强矿产资源的勘查和评价,提高利用率和回收率,并积极探索和开发新的矿产资源替代技术,以减轻对传统资源的依赖。

(5)应采尽采

应采尽采即在确保安全和环保的前提下,充分开发、回收矿产资源,避免浪费。这要求矿山开采企业应具备先进的开采技术和管理水平,能够准确评估资源储量和品质,制定合理的开采计划,并加强对开采过程的监控和管理,确保开采活动顺利进行和资源有效利用。

(6)优化开拓方式

随着科技进步和矿山开采实践的积累,开拓方式不断更新优化。矿山开采企业应积极引进推广数字化开采、智能化管理等先进技术,提高开采率和安全性,并加强研究探索,不断创新完善开拓方式,以适应不同矿产资源和开采条件的需求。

5.1.2 根据矿体的开采技术条件，应采取合理的开采顺序、开采方法，做到贫富兼采，未采厚弃薄、采富弃贫

［解析］本条是对开采的技术要求。

（1）矿体的开采技术条件

矿体的开采技术条件是指决定或影响开采方法和技术措施的各种地质及技术因素。矿体的开采技术条件是制定合理的开采方案，选择合适的开采方法和开采顺序，确保开采活动的顺利进行和矿产资源的最大化利用的基础（彭苏萍等，2020a）。

A. 矿体的规模、数量、产状、形状

1）规模：矿体规模的大小决定了开采的规模和难度。

2）数量：矿体数量的多少影响开采的布局和计划。

3）产状：矿体在地层中所处的位置、倾角和走向，直接影响开采方法的选择。

4）形状：矿体的形状（如层状、脉状、块状等）也影响开采方式。

B. 矿石和顶、底板围岩的机械物理性质

1）矿石和围岩的硬度、质量、抗压强度、抗拉强度、抗剪强度，决定开采过程中的破碎难度和支护要求。

2）松散系数、含泥量和结块性、自然休止角及矿粉比例，影响矿石的运输和堆放。

C. 地质构造

1）破碎带、断层、节理裂隙的发育程度，影响开采的稳定性和安全性。

2）褶皱给开采带来一定的难度。

D. 水文地质

1）地下水、地表水及大气降水可能通过岩石的空隙流入露天矿坑和地下巷道中，给矿山安全生产带来安全隐患。

2）矿坑水害的水源类型包括大气降水、地表水、地下水和老空水。

E. 有害物质的含量

对生产和人体有害的物质，如游离二氧化硅等，需要在开采过程中进行监测和控制。

F. 矿体的赋存深度

矿体的埋藏深度影响开采方法和开采成本。

G. 矿体的稳固性

稳固性是已开采空间的矿岩允许暴露面积大小和暴露时间长短的性能，对采矿方法的选择和地压控制有很大影响。

（2）开采顺序

开采顺序是指对矿床进行开采的先后次序。它涉及矿床内各个矿体、矿块或矿段的开

采顺序，以及在同一矿体、矿块或矿段中不同部位的开采顺序。

A. 开采顺序设计的基础

1）矿体赋存条件决定了开采顺序的可行性和合理性，矿体赋存条件包括矿体的规模、数量、产状、形状、厚度、稳固性等。

2）开采技术条件对开采顺序的确定和实施有直接影响。

3）开采顺序的选择应充分考虑经济效益，以确保开采活动的经济合理性。

B. 开采顺序设计的原则

1）先主后次：先开采主要矿体或富矿体，后开采次要矿体或贫矿体，以确保主要矿产资源的优先获取，提高经济效益。

2）先上后下：在同一矿区内，先开采矿体的上部，后开采下部，有利于减少开采过程中的安全隐患，如地压管理和地表塌陷等问题。

3）贫富兼采：在开采过程中，应做到贫富兼采，避免浪费矿产资源。即同时开采富矿和贫矿，以提高矿产资源的整体利用率。

4）合理布局：根据矿体的赋存条件、开采技术条件和市场需求等因素，合理布局开采顺序，以确保开采活动的顺利进行。

（3）开采方法

开采方法是指在开采矿床中的有用矿产时，根据矿床地质条件和生产技术水平，所采用的一系列技术方法和工艺过程。

开采方法可以分为露天开采和地下开采两类。

A. 露天开采

露天开采是先将覆盖在矿体上面的土石剥掉（剥离），自上而下把矿体分为若干梯段，直接在露天进行采矿的方法。它主要通过移除覆盖在矿体上的土壤和岩石（这一过程称为剥离），从而暴露矿体，并对其进行开采。露天开采通常适用于矿体接近地表、矿体厚度较大、矿石品位较高的情况。

a. 露天开采的主要特点

作业空间开阔：由于开采活动在露天进行，因此作业空间相对开阔，有利于大型机械化设备的使用，提高开采率。

生产成本较低：与地下开采相比，因为不需要建设复杂的地下巷道和支护系统，露天开采的开采成本通常较低。

生产效率高：露天开采可以实现大规模机械化作业，生产效率高，缩短开采周期。

安全性较好：由于开采活动在露天进行，因此相比于地下开采，露天开采的安全性较高，减少了地下作业带来的安全风险。

b. 露天开采的缺点

环境影响：露天开采对地表造成破坏，如土地破坏、水土流失和景观破坏等，对生态环境产生一定负面影响。

资源浪费：在剥离过程中，可能浪费有用的矿物或岩石，降低资源回收率。

复垦难度大：开采结束后，需要对破坏的土地进行复垦，但复垦难度较大，需要投入大量的人力和物力。

矿床埋藏较浅时采用露天开采，在矿床埋藏较深时，采用地下平硐开采、地下竖井开采和地下斜井开采，地表不允许沉降或存在重要建（构）筑物时采用地下开采（图 5.1）。

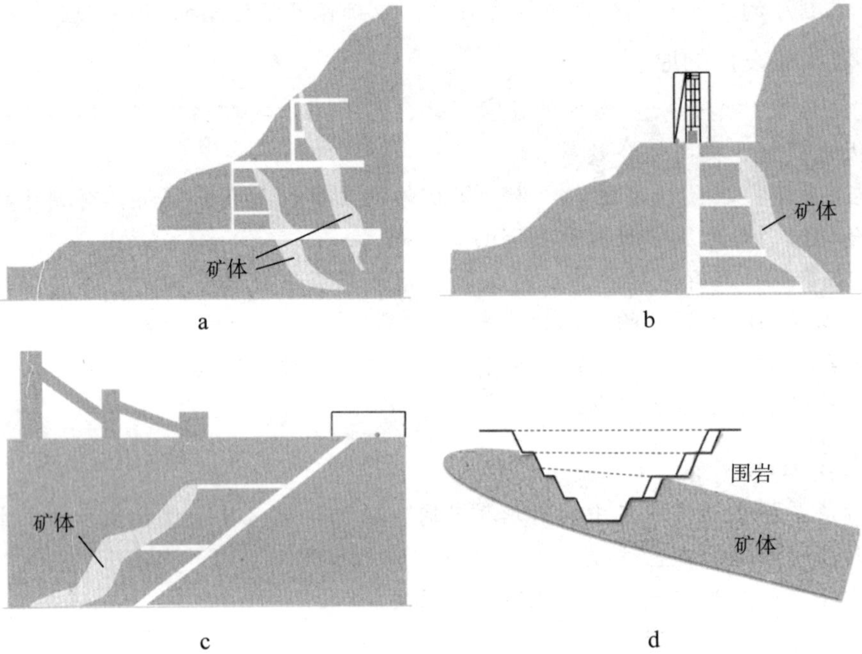

图 5.1　开采示意图

a— 地下平硐开采；b— 地下竖井开采；c— 地下斜井开采；d— 露天开采

B. 地下开采

地下开采是用地下坑道进行采矿工作的总称。一般适用于矿体埋藏较深，在经济上和技术上不适合露天开采的矿床。这种开采方法通常应用于位于地下深处且无法或不易通过露天开采方式获取的矿藏，如煤炭、金属矿产、非金属矿产，以及某些能源资源。

a. 地下开采的主要特点

适用范围广：地下开采适用于埋藏较深的矿体，以及埋藏较浅但在技术条件或经济上不适合露天开采的矿体。

受地表影响小：地下开采的作业场所在地下，受地表自然条件的影响较小，除极恶劣天气外，一般开采不受影响。

开采深度大：地下开采能够到达较深的矿层，能开采更多矿产，地下的矿产通常比地表的矿产更加丰富和稀有。

生产环节多、技术复杂：地下开采涉及矿床开拓、采准与切割、矿石回采等多个生产环节，需要综合运用多种技术和设备。

安全性要求高：地下开采存在诸多安全风险，如瓦斯爆炸、透水事故、顶板冒落等，因此需要严格的安全管理制度和完善的应急响应机制。

b. 地下开采的主要缺点

开采成本高：地下开采需要建设复杂的矿井设施，包括井筒、巷道、硐室等，以及购置先进的开采设备和安全设施，导致开采成本相对较高。

开采损失率较高：与露天开采相比，由于地质条件复杂、开采技术限制等原因，使地下开采矿石损失率较高，资源回收率相对较低。

基建时间长：地下开采的矿井设施建设周期较长，不利于快速投产。同时，矿井设施的使用寿命也相对较短，需要定期进行维护和更新。

生产条件差：地下开采的作业环境较为恶劣，光线不足、通风差、湿度大、噪声高，对作业人员的身体健康和工作效率产生不利影响。

安全风险大：地下开采过程中容易发生各种安全事故，如瓦斯爆炸、透水事故、顶板冒落等，对作业人员的生命安全构成严重威胁。

对地质环境影响大：地下开采可能导致地表塌陷、地震活动增加、地下水位变化等地质环境问题，对周边环境造成不利影响，对居民生命财产安全构成威胁。

（4）贫富兼采，未采厚弃薄、采富弃贫

1）贫富兼采指在开采矿产资源时，不仅要开采品位高、易开采的富矿，也要开采品位相对较低、开采难度较大的贫矿。这一原则体现了对矿产资源的全面利用，避免了因只开采富矿而导致的资源浪费和品位下降。通过贫富兼采，可以延长矿山寿命，提高资源的整体利用率。

2）未采厚弃薄、采富弃贫则是指在开采过程中，应避免只开采厚度大、品位高的矿体部分，而忽视厚度小、品位低的矿体部分，或者只开采富矿而抛弃贫矿。这种行为会导致资源的极大浪费，并可能引发一系列的环境和社会问题。

5.1.3 开采回采率（采收率、地热流体回灌率、瓶装水利用率、桶装水利用率）指标符合矿产资源合理开发利用“三率”指标要求，开采回采率计算方法应符合附录 A 的相关规定

【解析】本条体现了矿山资源开发利用水平。

（1）定义及计算公式

A. 开采回采率

开采回采率适用于固体矿产资源，是指当期采出的纯矿石量（资源储量）占当期消耗的矿产资源储量的百分比。

$$K=\frac{Q_c}{Q}\times 100\%=\frac{Q-Q_s}{Q}\times 100\%=(1-S)\times 100\%$$

式中：

K ——开采回采率，%；

Q_c ——当期采出的纯矿石量（资源储量），t；

Q ——当期消耗的矿产资源储量，t；

Q_s ——当期损失的矿产资源储量，t；

S ——采矿损失率。

B. 采收率

采收率适用于石油、天然气等油气矿产资源，是指可采储量（采出量）占当期动用资源储量的百分比。钾盐、溴素采收率指采出量占当期消耗资源储量的百分比。

$$K_e= \frac{Q_{ce}}{Q_e} \times 100\%$$

式中：

K_e ——采收率，%；

Q_{ce} ——可采储量（采出量），t 或 m^3；

Q_e ——当期动用资源储量，t 或 m^3。

C. 地热流体回灌率

地热流体回灌率适用于地热资源，是指回灌的地热流体资源量占当期开采地热流体资源储量的百分比。

$$K_s= \frac{Q_{cs}}{Q_s} \times 100\%$$

式中：

K_s ——地热流体回灌率，%；

Q_{cs} ——回灌的地热流体资源量，t；

Q_s ——当期开采地热流体资源储量，t。

D. 瓶装水利用率（桶装水利用率）

瓶装水利用率（桶装水利用率）指成品量占当期开采量的百分比。

$$K_w= \frac{Q_{cw}}{Q_w} \times 100\%$$

式中：

K_w ——瓶装水利用率（桶装水利用率），%；

Q_{cw} ——瓶装水（桶装水）成品量，t；

Q_w ——瓶装水（桶装水）当期开采量，t。

（2）部分矿种矿产资源开采回采率指标要求

根据自然资源部发布的《矿产资源“三率”指标要求》（DZ/T 0462—2023）等系列标

准，开采回采率指标要符合矿产资源合理开发利用“三率”指标一般及以上要求，部分矿种矿产资源开采回采率指标要求详见表 5.1。

表 5.1 部分矿种矿产资源开采回采率指标一览表

<table>
<tr><th>序号</th><th>矿种</th><th>类型</th><th>领跑者指标</th><th>一般指标</th><th>最低指标</th></tr>
<tr><td rowspan="2">1</td><td rowspan="2">煤</td><td>井工煤矿</td><td>薄煤层≥ 90%;
中厚煤层≥ 85%;
厚煤层≥ 80%</td><td>薄煤层≥ 88%;
中厚煤层≥ 83%;
厚煤层≥ 78%</td><td>薄煤层≥ 85%;
中厚煤层≥ 80%;
厚煤层≥ 75%</td></tr>
<tr><td>露天煤矿</td><td>薄煤层≥ 90%;
中厚煤层≥ 94%;
厚煤层≥ 97%</td><td>薄煤层≥ 88%;
中厚煤层≥ 92%;
厚煤层≥ 96%</td><td>薄煤层≥ 85%;
中厚煤层≥ 90%;
厚煤层≥ 95%</td></tr>
<tr><td rowspan="4">2</td><td rowspan="4">石油</td><td>中高渗油田</td><td>≥ 55%</td><td>≥ 35%</td><td>≥ 15%</td></tr>
<tr><td>低渗油田</td><td>≥ 30%</td><td>≥ 15%</td><td>≥ 8%</td></tr>
<tr><td>特低渗－
致密油田</td><td>≥ 23%</td><td>≥ 10%</td><td>≥ 5%</td></tr>
<tr><td>稠油油田</td><td>≥ 30%</td><td>≥ 15%</td><td>≥ 10%</td></tr>
<tr><td rowspan="3">3</td><td rowspan="3">天然气</td><td>中高渗气田</td><td>≥ 75%</td><td>≥ 55%</td><td>≥ 35%</td></tr>
<tr><td>低渗气田</td><td>≥ 70%</td><td>≥ 40%</td><td>≥ 25%</td></tr>
<tr><td>特低渗－
致密气田</td><td>≥ 50%</td><td>≥ 30%</td><td>≥ 20%</td></tr>
<tr><td>4</td><td>煤层气</td><td>—</td><td>≥ 54%</td><td>≥ 40%</td><td>≥ 30%</td></tr>
<tr><td>5</td><td>页岩气</td><td>—</td><td>≥ 25%</td><td>≥ 20%</td><td>≥ 15%</td></tr>
<tr><td>6</td><td>二氧化碳气</td><td>—</td><td>≥ 90%</td><td>≥ 80%</td><td>≥ 70%</td></tr>
<tr><td rowspan="2">7</td><td rowspan="2">铁矿</td><td>露天开采</td><td>大型铁矿≥ 99%;
中小型铁矿一般≥ 98%</td><td>大型铁矿≥ 95%;
中小型铁矿一般≥ 94%</td><td>大型铁矿≥ 93%;
中小型铁矿一般≥ 90%</td></tr>
<tr><td>地下开采</td><td>稳固矿体≥ 93%;
不稳固矿体一般≥ 90%</td><td>稳固矿体≥ 86%;
不稳固矿体一般≥ 84%</td><td>稳固矿体≥ 84%;
不稳固矿体一般≥ 79%</td></tr>
<tr><td rowspan="2">8</td><td rowspan="2">锰矿</td><td>露天开采</td><td>≥ 93%</td><td>≥ 92%</td><td>≥ 90%</td></tr>
<tr><td>地下开采</td><td>≥ 90%</td><td>≥ 85%</td><td>≥ 80%</td></tr>
<tr><td rowspan="2">9</td><td rowspan="2">铬矿</td><td>露天开采</td><td>—</td><td>≥ 95%</td><td>≥ 93%</td></tr>
<tr><td>地下开采</td><td>—</td><td>≥ 90%</td><td>≥ 85%</td></tr>
<tr><td rowspan="2">10</td><td rowspan="2">钒矿</td><td>露天开采</td><td>—</td><td>≥ 90%</td><td>≥ 80%</td></tr>
<tr><td>地下开采</td><td>—</td><td>≥ 85%</td><td>≥ 77%</td></tr>
<tr><td>11</td><td>钛矿</td><td>—</td><td>—</td><td>≥ 92%</td><td>≥ 90%</td></tr>
<tr><td rowspan="2">12</td><td rowspan="2">铜矿</td><td>露天开采</td><td>≥ 99%</td><td>≥ 97.5%</td><td>大型矿山≥ 95%;
中小型矿山≥ 92%</td></tr>
<tr><td>地下开采</td><td>≥ 98%</td><td>≥ 92%</td><td>详见 DZ/T 0462.4—2023 中表 1</td></tr>
</table>

续表

序号	矿种	类型	领跑者指标	一般指标	最低指标
13	铝土矿	露天开采	≥ 98%	≥ 95%	≥ 93%
		地下开采	≥ 90%	≥ 79%	≥ 70%
14	铅锌矿	露天开采	≥ 98%	≥ 95.3%	大型露天矿山≥ 95%，中小型矿山或矿体形态变化大、矿体薄、矿岩稳固性差的矿山≥ 88%
		地下开采	≥ 95%	≥ 88%	详见 DZ/T 0462.4—2023 中表 3
15	钼矿	露天开采	≥ 99.6%	≥ 98.5%	大型露天矿山≥ 95%，中小型矿山或矿体形态变化大、矿体薄、矿岩稳固性差的矿山≥ 92%
		地下开采	≥ 98%	≥ 90%	详见 DZ/T 0462.4—2023 中表 6
16	镍矿	露天开采	—	≥ 95%	≥ 92%，矿体形态复杂的矿山≥ 88%
		地下开采	≥ 98%	≥ 90%	详见 DZ/T 0462.4—2023 中表 8
17	钨矿	露天开采	≥ 97%	≥ 95.5%	≥ 92%
		地下开采	≥ 95.3%	≥ 87%	详见 DZ/T 0462.4—2023 中表 10
18	锡矿	露天开采	—	≥ 93%	矿体形态变化大、矿体薄、矿岩稳固性差的矿山≥ 92%
		地下开采	≥ 96%	≥ 92%	详见 DZ/T 0462.4—2023 中表 12
19	锑矿	露天开采	—	—	≥ 92%
		地下开采	≥ 95%	≥ 87%	详见 DZ/T 0462.4—2023 中表 14
20	镁（炼镁白云岩）矿	露天开采	≥ 98%	≥ 95%	≥ 92%
		地下开采		≥ 85%	≥ 78%
21	钴矿	露天开采	—	≥ 90%	≥ 88%
		地下开采	—	≥ 78%	≥ 75%
22	铋矿	露天开采	—	≥ 94%	≥ 90%
		地下开采	—	≥ 87%	≥ 83%
23	金矿	露天开采	≥ 98.5%	≥ 93%	≥ 90%
		地下开采	≥ 96%	≥ 88%	围岩稳固的金矿应≥ 85%，围岩不稳固的金矿应≥ 80%，围岩极不稳固的金矿应≥ 75%

续表

序号	矿种	类型	领跑者指标	一般指标	最低指标
24	银矿	露天开采	—	—	≥ 92%
		地下开采	≥ 95%	≥ 88%	≥ 85%
25	钽铌矿	露天开采	—	≥ 95%，其中矿体形态变化大、矿体薄、矿岩稳固性差的矿山应≥ 92%	≥ 90%，其中矿体形态变化大、矿体薄、矿岩稳固性差的矿山应≥ 87%
		地下开采	—	≥ 70%	≥ 65%
26	锂矿	露天开采	—	≥ 90%	≥ 85%
		地下开采	—	≥ 80%	≥ 75%
27	锆矿	露天开采	—	≥ 95%	≥ 90%
		地下开采	—	≥ 80%	≥ 75%
28	锶矿	露天开采	—	≥ 90%，其中矿体形态变化大、矿体薄、矿岩稳固性差的矿山一般≥ 85%	≥ 85%，其中矿体形态变化大、矿体薄、矿岩稳固性差的矿山应≥ 80%
		地下开采	—	≥ 85%，其中地质品位＜ 45% 或矿体复杂难采的矿山应≥ 80%	≥ 80%，其中地质品位＜ 45% 或矿体复杂难采的矿山应≥ 75%
29	稀土矿	露天开采岩矿型	—	≥ 95%	≥ 90%
		地下开采岩矿型	—	≥ 90%	≥ 85%
		原地浸矿或堆浸开采离子型	≥ 94%	≥ 85%	≥ 75%
30	锗矿	露天开采	—	≥ 98%	≥ 95%
		地下开采	—	薄矿体应≥ 90%；中厚矿体应≥ 85%；厚矿体应≥ 80%	薄矿体应≥ 85%；中厚矿体应≥ 80%；厚矿体应≥ 75%
31	石墨矿	露天开采	≥ 96%	≥ 92%	≥ 90%
		地下开采	≥ 87%，崩落法≥ 90%	≥ 85%	≥ 75%
32	蓝晶石	露天开采	—	—	≥ 92%
		地下开采	—	≥ 82%	≥ 80%
33	矽线石	露天开采	—	≥ 95%	≥ 92%
		地下开采	—	≥ 80%	—
34	红柱石	露天开采	—	≥ 95%	≥ 92%
		地下开采	—	≥ 80%	≥ 70%
35	硅灰石	露天开采	≥ 92%	≥ 90%	≥ 85%
		地下开采	≥ 85%	≥ 70%	≥ 60%
36	滑石	露天开采	—	≥ 92%	≥ 90%
		地下开采	—	≥ 75%	≥ 72%

续表

序号	矿种	类型	领跑者指标	一般指标	最低指标
37	石棉	露天开采	—	≥ 95%	≥ 92%
		地下开采	—	≥ 82%	≥ 80%
38	云母	露天开采	—	≥ 90%	≥ 85%
		地下开采	—	≥ 82%	≥ 80%
39	长石	露天开采	≥ 96%	≥ 92%	≥ 90%
		地下开采	≥ 90%	≥ 85%	崩落法≥ 80%；留矿法≥ 55%
40	石榴子石	露天开采	—	≥ 95%	≥ 92%
		地下开采	—	≥ 85%	—
41	透辉石	露天开采	—	≥ 95%	≥ 90%
		地下开采	—	≥ 90%	≥ 88%
42	透闪石	露天开采	—	≥ 95%	≥ 92%
43	蛭石	露天开采	—	≥ 90%	≥ 85%
44	沸石	露天开采	—	≥ 95%	≥ 90%
		地下开采	—	≥ 85%	≥ 80%
45	石膏	露天开采	—	≥ 92%	≥ 90%
		地下开采	—	优质纤维石膏、球形石膏、透明石膏采矿应采用全面充填法开采，≥ 85%；采用崩落法开采极倾斜厚矿体的，≥ 60%；采用房柱法开采的，≥ 35%；开采厚矿体的，≥ 20%	优质纤维石膏、球形石膏、透明石膏采矿应采用全面充填法开采，≥ 80%；采用崩落法开采极倾斜厚矿体的，≥ 50%；采用房柱法开采的，≥ 30%；开采厚矿体的，≥ 18%
46	重晶石	露天开采	≥ 97%	≥ 94%	≥ 92%
		地下开采	≥ 92%	≥ 90%	≥ 85%
47	毒重石	地下开采	≥ 90%	≥ 85%	≥ 80%
48	方解石	露天开采	—	≥ 92%	≥ 90%
		地下开采	—	≥ 80%	≥ 75%
49	冰洲石	露天开采	—	≥ 97%	≥ 95%
		地下开采	—	≥ 93%	≥ 90%
50	菱镁矿	露天开采	—	≥ 95%	≥ 90%
		地下开采	—	≥ 85%	≥ 80%
51	萤石	露天开采	≥ 95%	≥ 92%	≥ 90%
		地下开采	≥ 90%	≥ 85%	≥ 80%，不稳定矿体≥ 73%

续表

序号	矿种	类型	领跑者指标	一般指标	最低指标
52	电气石	露天开采	—	矿物量< 10万t，≥ 85%；矿物量≥ 10万～< 50万t，≥ 90%；矿物量≥ 50万t，≥ 95%	≥ 80%
		地下开采	—	≥ 85%	≥ 80%
53	石灰岩	露天开采	—	≥ 95%	≥ 90%
54	白垩	露天开采	—	≥ 95%	≥ 90%
55	含钾岩石	露天开采	—	≥ 97%	≥ 95%
		地下开采	—	≥ 80%	≥ 78%，房柱法≥ 70%
56	珍珠岩	露天开采	—	≥ 95%	≥ 92%
57	石英岩	露天开采	≥ 98%	≥ 95%	≥ 90%
		地下开采	≥ 90%	≥ 85%	≥ 80%
58	石英砂岩	—	≥ 98%	≥ 95%	≥ 90%
59	脉石英	露天开采	≥ 95%	≥ 85%	≥ 75%
		地下开采	≥ 85%	≥ 75%	≥ 70%
60	天然石英砂	—	≥ 98%	≥ 95%	≥ 90%
61	粉石英	—	≥ 98%	≥ 95%	≥ 90%
62	磷矿	露天开采	≥ 97%	≥ 95%	≥ 93%
		地下开采	≥ 90%	≥ 75%	≥ 72%
63	硫铁矿	露天开采	≥ 98%	≥ 95%	≥ 92%
		地下开采	≥ 94%	≥ 85%	煤系沉积硫铁矿的地下采区≥ 65%；非煤系沉积硫铁矿的地下采区≥ 80%
64	硼矿	露天开采	—	—	≥ 95%
		地下开采	≥ 93%	≥ 90%	≥ 85%
65	钠硝石	露天开采	—	≥ 92%	≥ 90%
66	天然碱	露天开采	—	采用露天水溶法的矿山≥ 95%	采用露天开采固体天然碱的矿山≥ 85%；采用露天水溶法的矿山≥ 90%
		地下开采	—	采用钻井水溶法的矿山≥ 30%	采用钻井水溶法的矿山≥ 26%
67	钾盐	氯化物型卤水的盐湖钾盐矿盐田	—	≥ 89.5%	≥ 77%
		硫酸盐型卤水的盐湖钾盐矿盐田	—	≥ 67%	≥ 63%
68	镁盐	—	—	≥ 95%	≥ 90%

续表

序号	矿种	类型	领跑者指标	一般指标	最低指标
69	盐矿	钻井水溶法开采岩盐	—	≥ 25%	≥ 22%
		盐湖采矿法开采湖盐矿	—	≥ 90%	≥ 85%
		钻井水力采矿法开采天然卤水矿	—	≥ 64%	≥ 60%
70	芒硝	露天开采	—	≥ 95%	≥ 85%
		钻孔水溶法开采	≥ 25%	≥ 22%	≥ 20%
		硐室水溶法开采	≥ 77%	≥ 72%	≥ 70%
71	溴	地下卤水开采型	—	≥ 81%	≥ 78%
72	石煤	矿体厚度≤ 5m	≥ 90%	≥ 80%	≥ 70%
		矿体厚度> 5m	≥ 90%	≥ 70%	≥ 65%
73	天然沥青	露天开采	≥ 95%	≥ 90%	≥ 85%
		矿体厚度≤ 5m	≥ 85%	≥ 80%	≥ 75%
		矿体厚度> 5m	≥ 80%	≥ 75%	≥ 70%
74	油砂	露天开采	≥ 95%	≥ 93%	≥ 90%
		地下井巷开采	≥ 85%	≥ 80%	≥ 75%
75	油页岩	露天开采	≥ 98%	≥ 95%	≥ 85%
		井工开采	≥ 85%	≥ 80%	≥ 70%

注：煤的开采回采率用采区回采率指标表示，石油、天然气、煤层气、页岩气、二氧化碳气和盐矿的开采回采率用采收率指标表示。

5.1.4 露天开采遵循自上而下的开采顺序，分台阶开采。台阶高度、台阶坡面角、最终边坡角和工作平台宽度符合设计要求

[解析] 本条是对露天矿开采顺序、开采方式及技术参数的要求。

（1）露天矿的开采顺序

露天矿的开采顺序是指露天采场内剥采工程在时间和空间上的发展顺序。具体来说，露天矿的开采顺序涉及采剥工程的初始位置、在水平方向的扩展方式、在垂直方向的降深方式，以及工作帮的构成特征等。露天矿的开采顺序对于提高开采率、保障安全生产、合理利用资源具有重要意义。

露天矿的开采顺序可以根据矿体的具体条件、开采设备的能力，以及市场需求等因素确定，主要包括以下四种。

1）自上而下开采顺序是露天矿最常用的开采顺序。开采工作从矿体的顶部或接近顶部的位置开始，逐步向下推进，直至达到开采深度。在水平方向，可以将矿体划分为多个台阶，每个台阶保持一定的工作平台宽度，进行同时开采或轮换开采。

2）陡帮开采顺序是在矿体一侧或两侧陡峭的帮上开始剥离，然后逐步向下推进，有

助于减少初期的剥离量，提前回收矿石，提高经济效益。

3）分期开采顺序将整个开采过程分为几个阶段，每个阶段完成一部分剥离和采矿工作，有助于合理安排开采进度，降低初期投资。

4）分区开采顺序将矿体划分为几个区域，每个区域按不同的顺序和方法进行开采，有助于根据各区域的特点制定合适的开采方案，提高开采的针对性和灵活性。

（2）露天矿的开采方式

露天矿的开采方式是指露天矿山进行矿产资源开采时所采用的具体方法和手段。这些方法和手段涉及矿体的剥离、采矿、运输和排土等各个环节，旨在高效、安全、经济地从地表或接近地表的矿体中提取矿物。

露天矿的开采方式通常根据矿体的地质条件、矿体形态、开采规模、设备能力、市场需求及安全和环保要求等多种因素确定。常见的露天矿开采方式包括分台阶开采、倒堆采矿法、横运采矿法、纵运采矿法等。

A. 分台阶开采

分台阶开采是将矿体划分为若干个水平或近似水平的台阶，然后自上而下逐层进行开采。分台阶开采按照设计好的台阶高度、工作平台宽度和台阶坡面角等参数，将矿体分割成多个台阶。

开采时先从最上层台阶开始，逐步向下层台阶推进。每个台阶都保持一定的工作平台宽度，以供采掘设备和运输车辆作业；同时，台阶坡面角根据矿体的物理力学性质和开采条件确定，以确保边坡的稳定性和安全性。

分台阶开采的优点在于能够确保开采过程中的边坡稳定性，防止边坡垮塌等安全事故的发生；同时，它允许多个工作面同时作业，提高了开采设备的利用率和生产效率；此外，通过合理确定台阶的开采顺序和开采深度，还可以确保矿石的充分回收和利用。

B. 倒堆采矿法

倒堆采矿法是指应用大型单斗长臂挖掘机或索斗挖掘机等采掘设备，将覆盖在矿体上方的剥离物（如岩石、表土等）直接铲挖并倒入采场的采空区内，从而揭露矿体并加以开采的过程。

首先，使用大型挖掘设备如机械铲或索斗铲剥离矿体上部的岩石、土壤等覆盖层；然后，将剥离下来的覆盖层直接倒入采场的采空区内，实现剥离物的短距离移运和排放；最后，随着剥离工作的推进，采矿工作面紧随剥离工作面推进，对揭露的矿体进行开采。

倒堆采矿法具有工艺简单、成本低廉、效率高的特点。它集采掘、运输、排土作业于一体，简化了露天开采的工艺流程；同时减少了运输设备的配置和运营成本，有效降低了剥离成本；由于缩短了剥离矿体的时间，能够快速揭露矿体，显著提高了采矿效率。

C. 横运采矿法

横运采矿法是指剥离物通过悬臂排土机和排土桥等专用设备，沿着垂直于工作线（即采掘带的推进方向）的方向运往采空区的采矿方法。

首先，使用大型挖掘设备如机械铲或索斗铲将矿体上部的覆盖层剥离；然后，将剥离下来的覆盖层通过悬臂排土机或排土桥等设备，沿着垂直于工作线的方向运往采空区，实现剥离物的短距离、高效移运；最后，随着剥离工作的推进，采矿工作面紧随剥离工作面推进，对揭露的矿体进行开采。

横运采矿法主要适用于剥离厚度较大的开采情况。由于剥离物与工作线保持垂直状态进行运输，在特定条件下能够更有效地利用空间，从而提高剥离和运输的效率。横运采矿法还具有一定的灵活性，可以根据实际开采条件和设备规格进行调整和优化。

D. 纵运采矿法

纵运采矿法是指剥离物沿着工作线（即采掘带的推进方向）绕过端帮被运往采空区的方法。纵运采矿法通常使用机车、带式输送机或汽车等运输设备来实现剥离物的纵向运输。

首先，使用大型挖掘设备如机械铲或索斗铲等将矿体上部的覆盖层剥离；然后，将剥离下来的覆盖层通过机车、带式输送机或汽车等运输设备，沿着工作线绕过端帮，运往采空区，实现剥离物的纵向运输；最后，随着剥离工作的推进，采矿工作面紧随剥离工作面推进，对揭露的矿体进行开采。

纵运采矿法具有较强的灵活性，不受剥离矿体厚度及运输设备规格的限制，可以在多种地质条件和开采规模下应用。例如，当剥离厚度较大时，可以在下部台阶使用倒堆采矿法或横运采矿法，而在上部使用纵运采矿法。

（3）工作面有关要求

A. 基础知识

正在进行开采工作的台阶称为工作台阶，其上的平盘称为工作平盘；反之，则称为非工作台阶，其上的平盘称为平台，视其用途而称为保安平台、清扫平台或运输平台。

保安平台的作用是缓冲和阻截滑落的岩石及减缓最终边坡角，以保证最终边帮（图 5.2）的稳定性和下部水平的工作安全。其宽度较窄，一般在阶段高度的 1/3 以内。

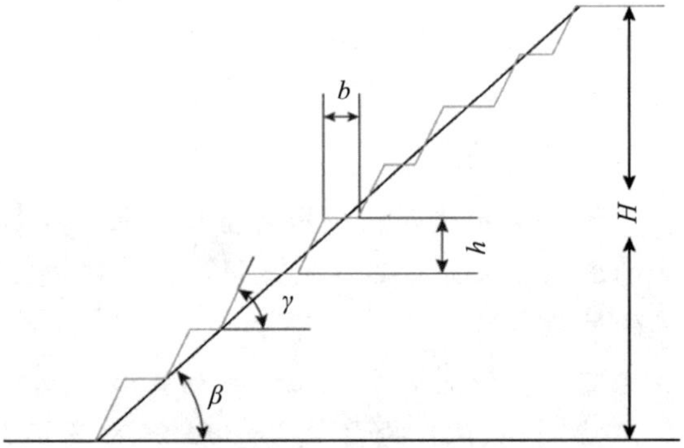

图 5.2　最终边帮构成要素图

H— 采场高度；h— 阶段高度；β— 采场边帮角；γ— 阶段坡面角；b— 安全平台宽度

清扫平台用于阻截滑落的岩石并用清扫设备（挖掘机或推土机）进行清理，又起到安全平台的作用。一般每隔 2 ~ 3 个台阶在四周边帮上设一个清扫平台，其宽度依所用的清扫设备而定。

运输平台是作为工作台阶与出入沟之间的运输联系的通道，设在出入沟同侧的非工作帮和端帮上，其宽度依所采用的运输方式和线路数目决定。

1）生产台阶高度根据《金属非金属矿山安全规程》（GB 16423）规定，符合表 5.2 中的要求。

表 5.2 生产台阶高度规定一览表

矿岩性质	作业方式		台阶高度
松软的岩土、砂状的矿岩	机械铲装	不爆破	不大于机械的最大挖掘高度
坚硬稳固的矿岩		爆破	不大于机械的最大挖掘高度的 1.5 倍

开采结束，并段后的台阶高度超过表 5.2 的规定要求时，应经过技术论证，在保证安全的前提下，根据设计确定。

挖掘机或装载机铲装时，爆破高度应不大于机械最大挖掘高度的 1.5 倍。

我国设计和生产的露天矿，小型矿山的阶段高度一般为 8 ~ 10m，大、中型矿山一般为 10 ~ 12m。大型露天矿选用斗容 $8m^3$ 以上的挖掘机时，阶段高度可采用 12 ~ 15m。

2）为保证边坡的稳定，当阶段采完后，必须保留安全平台和清扫平台，每个阶段的安全平台宽度不小于 2 ~ 3m，每隔 2 ~ 3 个阶段设置清扫平台，其宽度不小于 4 ~ 5m。

3）露天矿由于所处位置工程地质条件差、岩石老、固性差、结构不完整，存在地质构造弱面，岩石不稳定，非常容易造成滑坡。边坡角过陡、边坡过高都会造成局部失稳。因此，对于高陡坡必须按设计进行自上而下台阶式或分层开采。边坡角不大于 55°，最终边坡角不超过 60°。分层凿岩平台宽度不小于 4m，采石场需要剥离的，剥离工作面要超前于开采工作面 4m 以上。

4）终了平台应按照土地复垦方案中的设计要求开展土地复垦。

B. 有关质量的标准要求

露天开采工作台阶坡面角的大小直接影响矿山的安全生产。影响工作台阶坡面角的主要因素有矿岩的性质、穿孔爆破方式、推进方向、矿岩层理方向和节理发育情况等。

1）边坡位置、边坡角等露天边坡相关参数符合设计要求，保证边坡整体的安全稳定。台阶坡面角不大于设计值，不应超挖坡底。

2）帮齐：采完后的掌子不得出现凹凸超过 2m、长超过 30m 的包。

3）底平：按规定标高采掘，采尽爆量，工作平盘要平顺，每 30m 为一点，高低差不得超过 ±1m。

4）伞檐：采掘完的掌子不得出现突出 1m 的伞檐。

5）工作面整洁、平整，不能装车的大块放到一边堆放整齐，工作平盘无积水（地质原因除外）、无杂物、无危石，电缆线摆放整齐。

6）安全挡墙：采掘平盘需要留安全挡墙的，其高度不超过 2m，下部厚度不超过 5m。

7）最终边界：采掘整齐、到位，既不能超挖，又不能挖不到位。

8）电缆桥：摆放位置和角度合理、安全。

9）非工作台阶滚落物及时清理，并在安全隐患位置设置警戒线或安全牌。

10）最终边坡应设安全平台和清扫平台，平台宽度应符合设计要求。

11）在采场境界外围修筑截水沟，拦截外部地表水，并保持截水沟畅通，避免水流直接冲刷边坡。

C. 工作管理要求

1）及时清理平台上的疏松岩土和坡面上的浮石，边坡浮石清理完毕之前，其下方不应进行生产活动。

2）对软弱边坡或坚硬岩层边坡上的破碎岩块、松动部位采取加固措施，必要时应进行削坡。

3）人员和设备不应在边坡底部停留。

5.1.5 地下开采采用减轻地表沉陷变形的开采方式，优先采用充填开采、分层开采、限高开采、共伴生资源共采等开采技术，保护资源环境，采取有效措施预防或减轻对生态环境的不利影响，减少土地占用，提高开采回采率

［解析］**本条是对露天矿开采方式、开采技术等的要求。**

（1）减轻地表沉陷变形的开采方式分类

减轻地表沉陷变形的开采方式是指在煤或其他矿产资源开采过程中，为了减小或控制因开采活动导致的地表沉陷和变形，而采取的一系列特殊开采方法和技术措施。这些开采方式旨在通过改变传统的开采方式，优化开采参数，或采用先进的采矿技术和设备，来降低地表沉陷变形的程度和范围，从而保护地面建（构）筑物、农田、水源和生态环境等（彭苏萍等，2023）。

A. 充填开采

充填开采是利用外来材料（如矸石、碎石、粉煤灰、建筑垃圾及专用充填材料等）对采空区进行充填的开采方法。其目的是控制岩层移动和地表沉陷，支撑采空区顶板，防止围岩崩落，并在形成的充填体上或在其保护下进行回采作业。

充填开采不仅能提高资源回收率，减少浪费，还能有效地控制岩层移动和地表沉陷，从而减少开采活动对地面建（构）筑物及生态环境的不利影响，保护环境；同时，采矿过程中产生的废石、尾砂等固体废料可通过充填开采作为充填材料回填采空区，实现废弃物的资源化利用。

充填开采技术具有广泛的适用性，适用于开采围岩不稳固的高品位、稀缺、贵重矿石的矿体，也适用于地表不允许陷落、开采条件复杂（如水体、铁路干线等）的矿体。此外，充填开采还是深部开采时控制地压的有效措施。

B. 分层开采

分层开采是指根据生产井（或矿体）的开采条件，通过井下工艺管柱（或采矿技术）

将较厚的煤层（或矿体）划分为若干中等厚度的分层，依次开采各分层的开采方式。

分层开采适用于厚煤层或矿体，通过分层开采，可以更加精细地控制开采过程，提高开采率和安全性，同时减少对地面环境的影响。分层开采在煤炭、金属矿产等领域有着广泛的应用。

C. 限高开采

限高开采是一种针对厚煤层的开采方法，其主要目的是在保证安全开采的前提下，通过限制煤层的开采高度，来减小开采对覆岩的扰动和破坏，从而降低导水裂隙带的高度，保护地下水资源和生态环境。

限高开采可以有效减小覆岩移动变形量，降低导水裂隙带高度，从而保护地下水资源和生态环境；还有助于减小开采过程中的地表移动变形破坏程度，降低开采风险，显著提高开采安全性；适应性强，能够在不同的地质条件和开采环境中应用，展现出较强的适应性。

D. 共伴生资源共采

共伴生资源共采是指在同一矿区或同一矿床内，对主要矿产（主矿产）与其共伴生矿产进行同步或协调开采的活动。

共伴生资源共采需要根据矿床的地质特征、矿物组成、开采条件等因素进行全面分析，制定科学合理的开采方案，选择合适的采矿方法、工艺流程、设备选型等，以确保共伴生矿产的有效回收和利用。

共伴生资源共采面临诸多挑战，如技术难度较高、投资较大、市场风险较大等。

（2）减轻地表沉陷变形的开采方式的作用

A. 减少对地面建（构）筑物的破坏

充填开采通过利用固体材料对采空区进行密实充填，有效支撑上覆岩层，以减小地表下沉和变形，保护地面建（构）筑物安全。分层开采与限高开采通过精细控制开采过程，将厚煤层逐层开采或限制开采高度，从而减小地表沉陷的范围和程度，同样起到保护地面建（构）筑物安全的作用。

B. 保护土地资源

通过优化开采布局、提高开采率等方式减少开采活动对土地的占用，保护土地资源；同时，在开采结束后对采空区进行土地复垦，恢复其土地利用价值，使因开采而破坏的土地得以重新利用，如种植农作物、植树造林等，从而提高土地资源的整体利用率。

C. 预防或减轻生态环境破坏

通过充填开采、分层开采等方式降低地表沉陷变形的程度，减小地表沉陷变形的范围，有效保护地表植被、水体等，避免水土流失、水源污染等问题；同时，在开采过程中采取合理措施保护地下水资源不受污染和破坏，维护生态系统的平衡和稳定，从而预防或减轻生态环境破坏。

D. 提高资源利用效率

通过采用先进的开采技术和设备，优化开采方案，提高矿产资源的回采率，从而增加资源产出量并减少浪费和破坏，这对保护资源环境、实现可持续发展至关重要；同时，在开采主要矿产资源时，也注重共伴生资源的共采，以提高资源的综合利用率，进一步减少资源浪费和破坏，对保护资源环境、实现资源的高效利用具有重大意义。

（3）预防或减轻对生态环境的不利影响的措施

A. 加强源头控制

严格环境监管要求，加强对污染源的管理和监督，确保企业严守环保相关法律法规，同时积极推广清洁生产技术，鼓励企业通过技术创新和工艺改进，减少工业废气、污水及固体废物的排放，提高资源利用效率，从而降低污染物排放。

B. 实施污染治理

污染治理包含大气污染防治、水污染防治、固体废物处理三个方面。大气污染防治方面，应积极推广清洁能源，减少传统能源的使用，并增加可再生能源使用的比例。同时，加强对工业废气和机动车尾气的治理，要求企业安装废气处理设备，确保废气达标排放，并推广新能源汽车，提高燃油效率，以减少汽车尾气污染。水污染防治方面，应加强对工业废水和农业面源污染的治理，要求企业建设污水处理设施，确保废水达标排放，并提高城市污水处理能力，对生活污水进行集中处理。固体废物处理方面，应建立完善的固体废物处理体系，对生活垃圾、工业固体废物等进行分类收集、运输和处理，并加强对危险废物的管理，防止其对环境和人体健康造成危害。

C. 加强生态保护与修复

积极开展大规模的植树造林和生态恢复项目，及时修复受损的森林、草原、湿地等生态系统，为野生动植物提供充足的生存空间。同时，还应加强对生物多样性的保护，维护生态系统平衡。

5.2 绿色开采

5.2.1 矿山开采活动符合清洁生产的要求，最大限度地减少对自然环境的扰动，应采用资源利用率高、废弃物产生量少、生态破坏小的采矿技术、工艺与装备

［解析］**本条要求矿山开采活动应注重清洁生产，采用高效、环保的采矿技术、工艺与装备，以最大限度地减少对自然环境的扰动。**

（1）相关的法律、法规

1）《中华人民共和国环境保护法》2014 年 4 月 24 日修订通过，自 2015 年 1 月 1

日起实施。清洁生产是《中华人民共和国环境保护法》的重要原则之一，要求企业和其他生产经营者在生产过程中采取有效措施，减少污染物的产生和排放，提高资源利用效率。

2）《中华人民共和国清洁生产促进法》2002 年 6 月 29 日通过，2012 年 2 月 29 日修正，自 2012 年 7 月 1 日起实施。《中华人民共和国清洁生产促进法》规定了清洁生产的定义、适用范围、政府职责、企业责任、鼓励措施和法律责任等内容。它要求企业和其他生产经营者在生产过程中采用先进的工艺技术与设备，改善管理，实施综合利用等措施，从源头削减污染，提高资源利用效率，减少污染物的产生和排放。

3）《中华人民共和国循环经济促进法》2008 年 8 月 29 日通过，2018 年 10 月 26 日修正。《中华人民共和国循环经济促进法》强调在生产和消费过程中减少资源消耗和废物产生，实现经济和环境的协调发展。

4）《中华人民共和国节约能源法》2018 年 10 月 26 日第二次修正。《中华人民共和国节约能源法》要求企业和其他生产经营者在生产过程中采取节能措施，提高能源利用效率，减少能源浪费。节能是清洁生产的重要组成部分，通过节能措施可以降低生产成本，减少污染物的产生和排放。

（2）矿山开采活动符合清洁生产的要求

清洁生产是指将综合预防的环境策略持续应用于生产过程、产品和服务中，从源头削减污染，提高资源利用效率，减少或避免生产、服务和产品使用过程中污染物的产生和排放，以减轻或消除对人类健康和环境的危害。

“矿山开采活动符合清洁生产的要求”强调了矿山开采活动需要符合清洁生产的基本要求。清洁生产能够将整体预防的环境战略持续应用于生产过程、产品和服务中，以增加生态效率和减少人类及环境的风险的生产方式。在矿山开采中，这意味着需要采取一系列措施，确保开采活动对环境的影响最小化。

（3）最大限度地减少对自然环境的扰动

“最大限度地减少对自然环境的扰动”提出了实现清洁生产目标的具体方法。矿山开采活动在规划、设计、实施等各个环节都要充分考虑环境保护，避免或减少对生态环境的破坏和干扰。

（4）应采用资源利用率高、废弃物产生量少、生态破坏小的采矿技术、工艺与装备

“应采用资源利用率高、废弃物产生量少、生态破坏小的采矿技术、工艺与装备”是实现“最大限度地减少对自然环境的扰动”这一目标的具体途径。矿山企业需要选择能够提高资源利用效率、减少废弃物产生、降低对生态破坏的采矿技术、工艺和装备，以确保开采活动符合清洁生产的要求。

5.2.2 矿山开采活动按矿产资源开发利用方案和设计实施，提高矿产资源开采效率。排土场下部地质条件稳定且避免占压可采矿产资源，并便于矿区进行环境治理和土地复垦时取用排土

［解析］本条要求矿山开采活动需按照有关法定文件的要求实施。

（1）矿产资源开发利用方案和矿山初步设计

A. 矿产资源开发利用方案

矿产资源开发利用方案是指根据地质资料提供的矿产资源的产状、形态、丰度及围岩情况，对矿产资源的开采提出具体的专业技术文件。它涵盖了矿产资源的开采规模、开采方式、采矿方法、爆破、运输、提升、通风方案、选矿方法、产品方案，以及共伴生矿产综合开发、综合利用情况及矿山经济效益等内容。

矿产资源开发利用方案的作用如下：

a. 行政许可的前提

矿产资源开发利用方案是申请办理采矿权的一项前提条件。在采矿权新立、扩大矿区范围、变更矿种、变更开采方式、资源整合等情形下，矿产资源开发利用方案是采矿权（申请）人必须编报的重要文件。

经过审查合格的矿产资源开发利用方案，是批准采矿许可的关键。审查内容通常包括资源开发利用的科学性、产业发展的合理性、矿权设置的合法性、开发方案的可行性等。

b. 矿业权有偿授予和价款评估的依据

矿产资源开发利用方案是实施矿业权有偿授予、矿业权价款评估的重要技术经济依据。通过方案中的开采回采率、采矿贫化率、选矿回收率、矿山水循环利用率和土地复垦率等指标，可以评估矿产资源的开发潜力和经济价值。

c. 对矿山设计的宏观指导作用

矿产资源开发利用方案是编制矿山初步设计和相关设计的依据和前提。它提供了矿产资源的储量、品位、赋存条件等基本信息，为矿山初步设计提供了重要的数据支持。

B. 矿山初步设计

矿山初步设计是矿山建设项目在可行性研究基础上，对矿山开发建设的总体规划和初步方案的设计。它主要目的是确定矿山建设的基本原则、技术路线、主要设施和生产系统等，为后续的详细设计和施工提供指导和依据。

矿山初步设计在矿山建设项目中具有明确建设目标和原则，规划总体布局和生产系统，指导详细设计和施工，进行技术经济分析，为决策提供依据，以及确保矿山建设的合规性等重要作用。

矿山初步设计的作用如下：

a. 明确建设目标和原则

矿山初步设计确定了矿山建设的基本原则和技术路线，明确了矿山建设的总体目标、规模、生产能力和服务年限等基本参数，确保了矿山开发建设的科学性和合理性，为后续

的详细设计和施工提供了明确的指导方向。

b. 规划总体布局和生产系统

矿山初步设计对矿山的工业场地、生活区、运输线路、排土场、尾矿库等进行总体布局和全面规划，设计了矿山的主要生产系统，如采矿系统、选矿系统、运输系统、排水系统等，确定了各系统的设备选型、技术参数和工艺流程，确保了矿山生产的连续性和高效性。

c. 指导详细设计和施工

矿山初步设计是详细设计的基础，为详细设计提供了框架和依据，使详细设计能够更具体、更详细地描述矿山的各个部分；矿山初步设计也是施工的重要依据，施工单位必须严格按照矿山初步设计的要求进行施工，确保施工质量和安全。

d. 进行技术经济分析

矿山初步设计对建设方案进行了全面的技术经济分析，评估了方案的技术可行性、经济合理性和环境可行性。

e. 确保矿山建设的合规性

矿山初步设计需要遵循国家和行业的标准和规范，并经过相关部门的审批和专家评审，确保其符合国家和行业的政策和法规要求及建设项目的合规性。

（2）提高矿产资源开采效率

A. 优化矿山开采设计

首先，进行详细的地质勘探，准确掌握矿床的地质特征和分布情况，为制定科学合理的开采方案提供坚实的依据；其次，利用先进的地质勘探技术和信息处理技术对勘探数据进行深入分析，以降低勘探风险并提高开采效率；最后，根据地质勘探结果和矿山实际情况，制定详细的开采方案，明确开采顺序、方法及工艺，并优先选择高效、低耗、环保的开采技术和设备；此外，还需对采矿工艺流程进行精细化管理，引入先进技术和设备，如自动化、智能化采矿设备，以减少浪费，提高资源的回收率和利用率，确保开采活动的高效进行（彭苏萍等，2024）。

B. 强化矿山开采管理

首先，采用先进、高性能的采矿设备提高作业效率，并定期维护和保养设备，建立设备档案以确保其处于最佳工作状态；其次，加强对操作人员的培训和管理，提升操作技能和安全意识，引入先进管理理念和方法提升管理水平；最后，建立健全安全管理制度和应急预案，加强环境管理，推广清洁生产技术，确保开采活动的安全环保与高效进行。

C. 推动科技创新和数字化矿山建设

推动科技创新和数字化矿山建设需加大科研投入，设立专门机构，并与高校、科研院所合作，共同推动矿山开采技术创新和发展，同时引进和培养高端人才。此外，还需利用物联网、大数据、云计算等技术推进数字化矿山建设，构建全流程管理系统，实现生产过程的实时监测和智能调控，并通过数据分析挖掘潜在问题和优化空间，为科学开采方案提供依据。

（3）排土场位置选择

排土场，又称废石场或渣场，是指用于堆放采矿过程中产生的剥离物、废石、尾矿等废弃物的场所。排土场是一种巨型人工松散堆垫体，其稳定性和安全性直接关系矿山的正常生产、经济效益及环境保护。

在选择排土场位置时，应重点考虑排土场的稳定性，避免占压可采矿产资源，便于矿区进行环境治理和土地复垦时取用排土场资源等。

1）排土场的稳定性直接关系矿山生产的安全和效率。排土场下部地质条件不稳定，如存在软弱岩层、断层或不良水文地质条件，可能会导致排土场边坡失稳、滑坡、泥石流等地质灾害，对矿山生产造成严重影响。

2）排土场的选址应避免占压可采矿产资源，以确保矿产资源的可持续利用。若排土场占压了可采矿产资源，不仅会减少矿产的可采储量，还会增加开采成本和环境治理难度。

3）排土场的设置应便于矿区在后续进行环境治理和土地复垦时方便地取用排土场资源。矿山开采活动不可避免地会对矿区环境造成一定影响，排土场中的表土、废石为环境治理和生态修复提供了便利和支持。

5.2.3 露天开采坚持采剥并举、剥离先行的原则，宜采用剥离 – 排土 – 开采 – 生态修复一体化技术。合理制定采排计划，剥离物宜尽早实现内排

［解析］本条是露天矿开采需遵循的基本原则。

（1）采剥并举、剥离先行的原则

A. 含义

1）采剥并举：在露天矿开采过程中，采矿和剥离是两个同时进行且相互关联的重要环节。采矿是直接开采有价值的矿石，而剥离则是开采前必须清除覆盖在矿石上方的废石、表土等非矿石物质，因此，“采剥并举”意味着在开采过程中，这两项工作要同时进行，相互协调，不可偏废。

2）剥离先行：在露天矿开采过程中，剥离工作通常要先行于采矿工作，因为必须先清除覆盖在矿石上方的废石、表土等非矿石物质，才能暴露出矿石进行采矿作业。同时，“剥离先行”还意味着剥离工作要具有一定的超前性，以确保采矿工作的顺利进行。

B. 重要性

露天开采坚持“采剥并举、剥离先行”的原则至关重要。它强调了开采与剥离工作的同步进行，且剥离工作要适当超前，以确保开采活动的顺利进行。

1）“采剥并举、剥离先行”的原则确保了采矿和剥离工作的相互协调，有效避免了因剥离工作滞后而阻碍采矿工作的顺利进行。通过合理安排这两项工作，矿山能够保持持续、稳定的生产状态。

2）剥离工作先行于采矿工作，不仅确保了采矿过程中矿石的品位和质量得到最大程度的保留，还通过合理安排，使得剥离出的废石、表土等非矿石物质能够得到合理利用，如用于土地复垦，作为建筑材料等，从而有效提高资源利用率。

3）剥离工作先行于采矿工作，在采矿过程中工作面的稳定性和安全性能够得到最大程度的保障。通过合理安排剥离工作，可以有效减少因边坡失稳、滑坡等安全隐患导致的安全事故，从而切实保障生产安全。

（2）剥离－排土－开采－生态修复一体化技术

剥离－排土－开采－生态修复一体化技术，是一种在露天矿开采过程中，将剥离、排土、开采和生态修复等环节紧密结合，形成一体化作业流程的技术。它强调了在矿山开采过程中，按照科学的规划和设计，同步进行剥离、排土、开采和生态修复工作。具体来说，就是在开采前对矿体表面的植被、土壤进行剥离并妥善保存，开采过程中合理排放废土、废石，开采后及时对采空区进行回填和生态修复，使矿山在开采结束后能够尽快恢复生态环境。

A. 技术特点

1）剥离－排土－开采－生态修复一体化技术将露天矿开采的各个环节视为一个整体，通过科学合理的规划和设计，使各个环节之间紧密衔接、相互配合，形成一体化作业流程。

2）剥离－排土－开采－生态修复一体化技术在开采过程中，注重生态环境的保护和恢复。通过采取生态修复措施，及时对开采过程中破坏的土地进行复垦和植被恢复，减少水土流失和生态破坏。

3）通过合理安排剥离和排土工作，可以将剥离出的废石、表土等非矿石物质进行合理利用，如用于土地复垦、建筑材料等，以提高资源利用率。

B. 技术优点

采用剥离－排土－开采－生态修复一体化技术，能够有效改善植被立地条件，建立健全有利于加速生态修复的用地机制。通过这一技术，矿区的水土流失可以得到有效控制和削减，植被可以得到逐步恢复，生态环境可以整体得到恢复和改善，同时显著减少扬尘（面源）污染的发生。

（3）合理制定采排计划

采排计划是指在露天矿开采项目中，对剥离（剥离非矿石物质）和开采（开采有价值的矿石）工作进行统筹安排的计划。

合理制定采排计划对于露天矿开采至关重要，它要求综合考虑开采顺序、资源配置及环保要求等多方面因素。其中，剥离物宜尽早实现内排是采排计划中的关键一环，通过优化剥离和开采的时序，确保剥离物能够及时、顺利地排放到采空区内，这样不仅可以减少剥离物对外部土地资源的占用，还能降低运输成本和环境污染，提高整体开采效率和经济效益。

5.2.4　油气开采钻井废弃物应进行集中无害化处理。油气生产、运输、储存过程采用密闭运输工艺，采取防渗、防漏措施防止洒漏

［解析］本条是钻井过程中关于环境保护的要求。

（1）钻井废弃物的集中无害化处理

A. 钻井废弃物的类型

1）钻井泥浆（钻井液）：是油气钻井过程中以其多种功能满足钻井工作需要的各种循环流体的总称，是钻井过程中使用的主要物质，用于冷却钻头、携带岩屑、稳定井壁等。钻井结束后，部分泥浆因污染、变质或老化等原因被废弃。

2）钻屑（钻井岩屑）：钻井过程中，钻头破碎岩石产生的碎屑，通过泥浆循环带出井口。

3）钻井废水：钻井过程中产生的污水，包括钻井泥浆的循环水、设备冲洗水、岩屑冲洗水等。

4）废油：主要来源于机械设备的润滑油、液压油泄漏及油品更换等过程。

5）固体废弃物：除钻屑外，还包括废弃的钻具、工具、包装材料等。

B. 钻井废弃物的特点

1）成分复杂：钻井废弃物中含有大量的化学助剂、油类、金属盐类等污染物，如黏土、加重材料、化学处理剂、污水、污油及钻屑等，还可能含有重金属离子、烃类、盐类及各类聚合物等。

2）污染性强：钻井废弃物中的有害物质一旦进入土壤和水源，会对环境造成长期污染，影响 pH，造成土壤板结、钙化等问题。同时，这些污染物还可能对生物造成危害。

3）稳定性高：废弃钻井液是一种极为稳定的胶态悬浮体系，难以通过自然沉降等方式进行分离和处理。

4）处理难度大：由于钻井废弃物的成分复杂、污染性强、稳定性高，处理难度较大，需要采用专业的处理技术和设备进行处理。

5）资源可再利用性：虽然钻井废弃物处理难度大，但是其中的一些成分，如钻屑、泥浆等经过无害化处理后，可以作为铺路材料、免烧砖等进行资源再利用。

C. 钻井废弃物的集中无害化处理

钻井废弃物的集中无害化处理是指对油气开采过程中产生的钻井废弃物进行统一收集、运输至专门的处理设施，采用物理、化学或生物方法，将废弃物中的有害物质去除或转化为无害物质，以达到减少环境污染、保护生态环境目的的处理过程。

集中无害化处理的意义如下：

1）减少环境污染：通过集中无害化处理，可以显著降低钻井废弃物对土壤、水源和空气等环境的污染，保护生态环境。

2）资源再利用：部分处理后的钻井废弃物可以作为建筑材料、路基材料等进行资源再利用，提高资源利用效率。

3）合规性要求：国家和各地区都出台了相关的环保法规和政策，要求油气开采企业必须对钻井废弃物进行集中无害化处理，以满足合规性要求。

（2）油气生产、运输、储存的安全环保措施

A. 密闭运输工艺

1）采用密闭运输工艺，减少油气在运输过程中的挥发和泄漏。

2）定期对运输设备进行维护和检查，确保其密封性能良好。

B. 防渗、防漏措施

1）在油气储存设施中，如储罐、管道等，采取防渗、防漏措施，如使用双壁储罐、设置防渗层等。

2）对储存设施进行定期检查和维护，确保其安全可靠。

C. 防止洒漏措施

1）在油气生产和运输过程中，加强操作管理，防止因操作不当导致的油气洒漏。

2）对可能发生的泄漏事故制定应急预案，以便及时应对和处理。

6 资源利用

6.1 选矿回收

6.1.1 对开采出的原矿根据矿石可选性应采用先进合理的分选工艺，选矿工艺设计符合 GB/T 25953、GB 50359、GB 50612、GB 50782、GB 50863 等相关标准的规定

［解析］本条是对选矿工艺的要求。

（1）选矿设计的有关标准

1）《有色金属选矿回收铁精矿》（GB/T 25953）规定了有色金属选矿回收铁精矿的要求、检验方法、检验规则、包装、运输和质量预报单及合同（或订货单）内容。适用于有色金属共生磁性铁矿经选矿分离后回收得到的全铁（TFe）含量不小于 55%，供炼铁用的铁精矿。

2）《煤炭洗选工程设计规范》（GB 50359）规定了煤炭洗选工程设计的各项技术要求和标准，包含煤炭洗选工程设计的基本原则、工艺流程、设备选型、厂区布置等方面的内容。适用于新建、改建及扩建的煤炭洗选、储配煤工程的初步可行性研究、可行性研究和设计。

3）《冶金矿山选矿厂工艺设计规范》（GB 50612）规定了冶金矿山选矿厂工艺设计的各项技术要求，涵盖选矿试验、工艺流程、设备选型、厂房布置等方面的技术要求。适用于新建、改建和扩建冶金矿山选矿厂工程的设计。

4）《有色金属选矿厂工艺设计规范》（GB 50782）规定了有色金属选矿厂工艺设计的各项技术要求，明确了选矿试验、工艺流程、设备选型、厂区布置等方面的技术要求。适用于新建、改建和扩建的有色金属选矿厂工程的工艺设计。

5）《尾矿设施设计规范》（GB 50863）规定了尾矿库、尾矿坝、尾矿输送、尾矿泵站等方面的技术要求。适用于金属和非金属矿山的新建、改建和扩建尾矿设施及氧化铝厂湿式堆存的赤泥堆场的设计。

（2）选矿试验

选矿试验是为了进行选矿厂设计而进行的矿石选取试验。选矿试验是评价矿床是否有商业开采价值的重要依据之一，也是选矿厂投产后能否顺利达到设计指标和获得经济效益的基础。GB/T 25953、GB 50359、GB 50612、GB 50782、GB 50863 均为选矿试验依据的标准。

A. 选矿试验的目的

1）确定选矿方法：通过选矿试验，了解矿石的矿物组成、结构、构造，以及有用和有害成分在矿石中的赋存状态，探索合理的选矿方法。

2）优化工艺流程：通过试验，确定选矿厂的工艺流程，包括破碎、筛分、磨矿、选别、脱水等环节，以及各环节之间的衔接和配合。

3）确定技术经济指标：通过选矿试验，获得选矿过程中的技术经济指标，如精矿品位、回收率、磨矿细度、药剂消耗量等，为选矿厂的设计和运行提供科学依据。

4）指导生产实践：选矿试验的结果可以直接用于指导大规模生产实践，确保最终生产过程的稳定性和高效性。

B. 选矿试验的内容

1）矿石性质研究：对原矿进行详细的物理和化学性质分析，包括粒度、密度、硬度、水分、矿物组成等，为选矿方法的选择和工艺流程的设计提供依据。

2）选矿方法选择：根据矿石性质选择合适的选矿方法，如重选、磁选、浮选、化学选矿等。

3）工艺流程试验：以实验室规模进行选矿工艺流程的试验，确定最佳的工艺流程结构和操作条件。包括破碎筛分流程、磨矿分级流程、选别流程、脱水流程等。

4）设备选型与试验：根据工艺流程的要求，选择合适的选矿设备，并以实验室规模进行设备的性能试验，确定设备的规格和数量。

5）经济性评价：对选矿试验的结果进行经济性评价，包括成本分析、收益预测和投资回报率等，为选矿厂的设计和运行提供经济依据。

C. 选矿试验的类型

1）实验室试验：以实验室规模进行的小型试验，主要用于探索选矿方法和工艺流程，以及进行设备选型与试验。

2）扩大试验：在实验室规模的基础上，扩大试验规模，进行半工业或工业试验，以验证实验室试验结果的可靠性和稳定性。

3）工业试验：在专门建立的工业试验厂或利用生产选矿厂的一个系列甚至全厂进行的局部或全流程的试验，用于进一步验证工艺流程的稳定性和可靠性，以及为选矿厂的设计和运行提供全面依据。

D. 选矿试验的重要性

选矿试验是选矿厂设计的重要环节，其结果直接影响选矿厂的设计方案和运行效果。通过科学合理的选矿试验，可以大大提升整个选矿流程的经济效益和环境效益。同时，选矿试验也是评价矿床是否有商业开采价值的重要依据之一。

（3）矿石的可选性分析

矿石可选性是指矿石中各种矿物成分在选矿过程中的分选难易程度，它反映了矿石中有用矿物与废石（或不同的有用矿物）通过物理或化学方法分离的可能性。矿石可选性通常通过选矿试验来确定。

A. 矿石的物质组成

1）矿物种类与含量：分析矿石中各种矿物的种类、含量及其相互关系，确定有用矿物和脉石矿物的种类及比例。

2）矿物性质：研究矿物的物理性质（如颜色、光泽、硬度、密度、磁性、导电性等）和化学性质（如氧化性等），这些性质对选矿方法的选择有重要影响。

B. 矿石的结构与构造

1）矿物嵌布粒度：分析有用矿物和脉石矿物的嵌布粒度，了解矿物的粒度组成和分布状态。

2）矿物连生关系：研究矿物的连生情况，包括有用矿物与脉石矿物的连生、有用矿物之间的连生等，这些连生关系对选矿效果有显著影响。

C. 矿石中有用矿物和有害成分的赋存状态

1）有用矿物赋存状态：分析有用矿物在矿石中的赋存状态，如以单体形式存在还是以连生体形式存在，这对选矿方法的选择和选矿流程的设计有重要指导意义。

2）有害成分赋存状态：研究有害成分在矿石中的赋存状态，以便在选矿过程中采取相应措施去除或降低其含量。

D. 选矿技术水平和选矿产品的质量要求

1）技术水平：分析当前选矿技术水平和设备能力，确定能否满足矿石分选的要求。

2）产品质量要求：根据市场对选矿产品的要求，确定精矿品位、回收率等质量指标。

（4）分选与选矿

A. 分选

分选是指通过一定的技术将固体废物或矿石分成两种或两种以上的物质，或分成两种或两种以上的粒度级别的过程。分选的主要目的是将固体废物中可回收利用的或不利于后续处理、处置工艺要求的物质分离出来。分选广泛应用于固体废物处理、资源回收、矿石预处理等领域。

分选包括人工分选和机械分选。人工分选适用于废物产生地、收集站、处理中心、转运站或处置场，要求废物不能有太大的质量和含水率，不能对人体有害。机械分选则是根据废物的粒度、密度、磁性、导电性、摩擦性、弹性、表面润湿性、颜色等物理性质的不同进行分选，可分为筛分、重力分选、磁力分选、电力分选、摩擦与弹跳分选、浮选、光电分选和涡电流分选等。

B. 选矿

选矿是根据矿石中不同矿物的物理、化学性质，采用不同的方法，将有用矿物与脉石矿物分开，并使各种共生的有用矿物尽可能相互分离，除去或降低有害杂质，以获得冶炼或其他工业所需原料的分选过程。选矿的主要目的是富集有用矿物，提高矿石的品位，降低冶炼或其他加工过程中燃料、运输的消耗，使低品位的矿石能得到经济利用。选矿是矿产品生产过程中最重要的环节之一，广泛应用于金属、非金属、煤炭等矿物的加工处理。

选矿主要分为解离与分选两个阶段。解离阶段通过破碎、筛分、磨矿、分级等工序，使有用矿物与脉石矿物，以及各种有用矿物相互间单体解离。分选阶段则利用重选、磁选、电选、浮选等方法，将有用矿物与脉石矿物分开，获得最终选矿产品（精矿、尾矿，有时还产出中矿）。

（5）选矿工艺设计

选矿工艺设计符合 GB/T 25953、GB 50359、GB 50612、GB 50782、GB 50863 等的要求，意味着选矿工艺设计必须全面考虑矿石性质、选矿方法、药剂制度、设备选型、工艺流程设计、厂房布置、尾矿处理等多个方面，以确保选矿过程的科学性、合理性和安全性。同时，这也有助于提高选矿厂的生产效率、产品质量和环保水平，推动矿业行业的可持续发展。

6.1.2 根据矿石工艺矿物学特征进行选矿加工，分级选别、分级使用、优质优用。选矿回收率（原炭入选率）指标符合矿产资源合理开发利用“三率”指标要求，选矿回收率计算方法应符合附录 A 的相关规定

［解析］本条是对选矿过程的要求。

（1）矿石工艺矿物学

矿石工艺矿物学是矿物学的一个分支，它是一门以研究矿物处理和矿物原料加工过程为主要内容的学科，主要研究矿石的物质成分、矿物组成、矿石的结构和构造及其物理、化学性质，以及矿物在选矿过程中的行为。矿石工艺矿物学的研究对象是矿石中的各种矿物及其相互关系，旨在通过深入了解矿石的工艺矿物学特征，为选矿加工提供科学依据。

矿石工艺矿物学研究内容为：

1）矿石的物质成分与矿物组成：分析矿石中各种矿物的种类、含量，并探究它们之间的相互关系，研究矿石中元素的赋存状态及其分配规律。

2）矿石的结构和构造：描述矿石中矿物的粒度大小、嵌布特性及它们在空间上的分布规律，深入研究矿石中矿物的解离程度及其受哪些因素的影响。

3）矿石的物理、化学性质：分析矿石中矿物的物理性质，如相对密度、磁性、导电性、润湿性、颜色、光泽、形状等；研究矿石中矿物的化学性质，如化学反应活性、氧化性、稳定性等。

4）矿物在选矿过程中的行为：研究矿物在选矿过程中的破碎、磨矿、分选等行为及其影响因素，分析矿物在选矿过程中的损失原因及改进措施。

（2）选矿加工

选矿加工是将开采所得的原矿中有用矿物和脉石分离，并得到精矿的过程。选矿加工是现代矿业工程中必不可少的工艺过程，其目的是为冶金、化工等行业提供合格原料，或者通过直接加工得到金属、矿物材料等。

A. 选矿加工主要步骤

1）破碎和磨碎：使用破碎机和磨碎机将原矿破碎和磨碎到合适的粒度，以便后续的选别作业。

2）选别作业：根据矿石中矿物的物理、化学性质差异，采用重选、磁选、浮选、电选等方法，将有用矿物和脉石分离。其中，重选利用矿物之间的密度差异进行分离；磁选利用矿物之间的磁性差异进行分离；浮选则利用矿物表面物理化学性质的不同，通过加入药剂使有用矿物黏附在气泡上浮起，从而实现分离（图 6.1）。

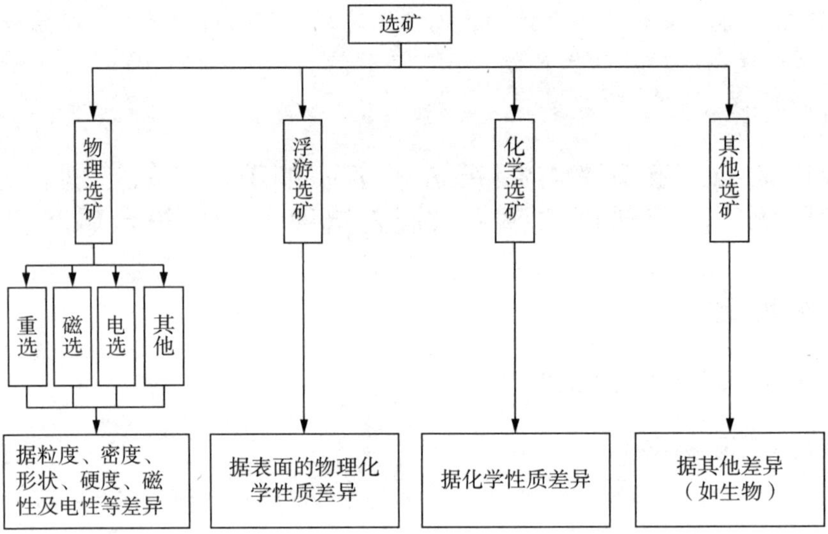

图 6.1　选矿方法分类图

3）脱水作业：对选别后得到的精矿进行脱水处理，以降低其水分含量，便于储存和运输。

B. 分级选别、分级使用、优质优用

分级选别、分级使用、优质优用是选矿加工领域的重要原则，旨在通过科学合理的选矿方法和策略，实现矿产资源的高效利用和最大化价值。

a. 分级选别

分级选别是指根据矿石中矿物的性质、含量、粒度分布等因素，采用适当的选矿方法和技术，将矿石中的有用矿物与脉石矿物有效分离，并进一步富集有用矿物，提高精矿品位的过程。

分级。分级通常利用筛分或水力旋流器等设备，将矿石按粒度大小进行分级，以便后续的选别作业。分级的目的在于确保进入选别作业的物料粒度符合标准，从而提高选别效率和精矿品位。

选别。选别是根据矿石中矿物的物理、化学性质差异，采用重选、磁选、浮选、电选等方法，将有用矿物和脉石分离。通过选别，可以得到高品位的精矿，为后续冶炼和加工提供合格的原料。

分级选别的意义。分级选别不仅提高了精矿品位，还减少了后续冶炼和加工过程中的能耗和物料消耗，降低了生产成本。同时，它也有助于实现矿产资源的综合利用，提高资源利用效率。

b. 分级使用

分级使用是指根据选矿产品的质量和用途，将其应用于不同的领域或生产环节的过程。

选矿产品的多样性。选矿加工过程中会产生多种产品，如精矿、中矿、尾矿等。这些产品在质量和用途上存在显著差异。

分级使用的原则。根据选矿产品的质量和用途，将其应用于不同的领域或生产环节。例如，高品位的精矿可用于高端产品的生产，而中矿和尾矿则可进行再次利用或处理，如作为建筑材料、回填材料等。

分级使用的意义。分级使用有助于实现矿产资源的最大化利用和价值提升。通过合理规划和利用选矿产品，可以降低生产成本，提高经济效益，同时也有助于减少资源浪费和环境污染。

c. 优质优用

优质优用是指确保优质矿石和选矿产品得到充分利用，避免资源浪费和价值损失的原则。

优质矿石和选矿产品的识别。通过矿物分析、选矿试验等手段，识别出矿石和选矿产品中的优质部分。

优质优用的策略。对于优质矿石和选矿产品，应优先考虑将其应用于高端产品的生产或高附加值领域。例如，将高品位的精矿用于生产高性能合金、电子材料等。

优质优用的意义。优质优用有助于提高矿产资源的利用效率和经济价值，通过充分利用优质矿石和选矿产品，可以降低生产成本，提高产品质量，增强市场竞争力。

（3）回收率

A. 选矿回收率

选矿回收率是指选矿产品中某有用组分的质量占入选原矿中该有用组分质量的百分比。

$$\varepsilon = \frac{\sum_{i=1}^{n} Q_{Ki} \cdot \beta_i}{Q_0 \cdot \alpha} \times 100\%$$

式中：

ε ——选矿回收率，%；

n ——精矿种类数；

Q_{Ki} ——精矿 i 的质量，t；

β_i ——精矿 i 的品位，%；

Q_0 ——原矿质量，t；

α ——原矿品位，%。

B. 原煤入选率

原煤入选率是指每年进入选煤设备进行分选的原煤量与矿山年度生产原煤量的百分比。煤炭矿山企业的原煤入选率原则上应达到75%以上。

$$\varepsilon_m = \frac{Q_K}{Q_m} \times 100\%$$

式中：

ε_m ——原煤入选率，%；

Q_K ——入选原煤量，t；

Q_m ——生产原煤量，t。

C. 当量品位

当量品位是指将矿石中多种具有经济价值的金属元素，按照一定的比例或换算系数，转化为单一金属元素的含量来表示。这种换算通常基于各金属元素的市场价格、提取成本、加工难度等因素的综合考虑。例如，在铜钼共生矿中，可以将钼的含量按照一定的比例换算成相当于多少铜的含量，从而得到铜当量品位。

$$\alpha'_i = \alpha_i \cdot \frac{P_i}{P} \times 100\%$$

式中：

α'_i ——共伴生组分 i 的当量品位，%；

α_i ——原矿中共伴生组分 i 的品位，%；

P_i ——单位共伴生组分 i 的价格，元；

P ——单位主要组分价格，元。

（4）部分矿种矿产资源选矿回收率指标要求

按照自然资源部发布的《矿产资源“三率”指标要求》（DZ/T 0462—2023）等系列标准，选矿回收率指标达到一般要求以上，部分矿种矿产资源选矿回收率指标要求详见表6.1。

表 6.1　部分矿种矿产资源选矿回收率指标一览表

序号	矿种	领跑者指标	一般指标	最低指标
1	煤	原煤入选率达100%	炼焦用煤、喷吹用煤原煤入选率为100%，其他煤种原煤入选率≥ 90%	炼焦用煤、喷吹用煤原煤入选率为100%，其他煤种原煤入选率≥ 85%
2	煤层气	商品率≥ 95%	商品率≥ 90%	商品率≥ 85%
3	石油	商品率≥ 99%	商品率≥ 97%	商品率≥ 94%
4	天然气	商品率≥ 95%	商品率≥ 85%	商品率≥ 60%
5	页岩气	商品率≥ 95%	商品率≥ 85%	商品率≥ 60%
6	二氧化碳气	商品率≥ 98%	商品率≥ 95%	商品率≥ 92%

续表

序号	矿种	领跑者指标	一般指标	最低指标
7	铁矿	磁铁矿≥95%，赤铁矿≥77%，褐铁矿≥98%，菱铁矿≥95%，钒钛磁铁矿中铁≥73%	磁铁矿≥88%，赤铁矿≥68%，褐铁矿≥83%，菱铁矿≥90%，钒钛磁铁矿中铁≥64%	磁铁矿≥80%，赤铁矿≥52%，褐铁矿≥72%，菱铁矿≥76%，钒钛磁铁矿中铁≥60%
8	锰矿	氧化锰矿≥87%，碳酸锰矿≥85%	氧化锰矿选≥80%，碳酸锰矿≥80%	氧化锰矿≥75%，碳酸锰矿≥78%，其他锰矿选矿回收率≥65%
9	铬矿	—	≥78%	≥75%
10	钒矿	—	≥80%	≥70%
11	钛矿	—	钛铁砂型≥70%，金红石型≥45%	钛铁砂型≥68%，金红石型≥43%
12	铜矿	硫化铜矿≥95%	硫化铜矿≥90%	硫化铜矿：α<0.4%时，$\varepsilon\geq$80%；α在0.4%～0.8%之间时，$\varepsilon\geq$85%；α>0.8%时，$\varepsilon\geq$90%； 氧化铜矿：$\varepsilon\geq$66%； 混合矿：$\alpha\leq$0.6%时，$\varepsilon\geq$75%；α>0.6%时，$\varepsilon\geq$80%
13	铝土矿	铝土矿选（洗）矿回收率≥97%	堆积型、红土型铝土矿选(洗)矿回收率≥94%	铝硅比≥5的，$\varepsilon\geq$80%；铝硅比大于3、小于5的，$\varepsilon\geq$76%；铝硅比≤3的，$\varepsilon\geq$72%
14	铅矿	铅矿≥95%	硫化铅≥88%	与入选品位有关，硫化矿：$\alpha<3\%$，$\varepsilon\geq85\%$；$3\%\leq\alpha\leq5\%$，$\varepsilon\geq90\%$；$\alpha>5\%$，$\varepsilon\geq92\%$； 混合矿：$\alpha<4\%$，$\varepsilon\geq70\%$；$4\%\leq\alpha\leq7\%$，$\varepsilon\geq78\%$；$\alpha>7\%$，$\varepsilon\geq81\%$； 铅矿氧化矿：$\varepsilon\geq68\%$
15	锌矿	锌矿≥95%	硫化锌≥88%	与入选品位有关，硫化矿：$\alpha<3\%$，$\varepsilon\geq85\%$；$3\%\leq\alpha\leq5\%$，$\varepsilon\geq90\%$；$\alpha>5\%$，$\varepsilon\geq92\%$； 混合矿：$\alpha<4\%$，$\varepsilon\geq70\%$；$4\%\leq\alpha\leq7\%$，$\varepsilon\geq78\%$；$\alpha>7\%$，$\varepsilon\geq81\%$； 锌矿氧化矿：$\varepsilon\geq68\%$
16	钼矿	≥94%	≥85%	与入选品位、氧化率和复杂难选有关，$\alpha\leq0.06\%$，$\beta<10\%$，$\varepsilon\geq75\%$，复杂难选矿$\varepsilon\geq65\%$；$0.06\%<\alpha\leq0.1\%$，$\beta<10\%$，$\varepsilon\geq83\%$，复杂难选矿$\varepsilon\geq73\%$；$\alpha>0.1\%$，$\beta<10\%$，$\varepsilon\geq90\%$，复杂难选矿$\varepsilon\geq80\%$
17	镍矿	≥86%	≥80.8%	与矿石性质、地质品位有关，原生矿石：$\alpha\leq0.5\%$或复杂难选，$\varepsilon\geq65\%$；$0.5\%<\alpha\leq0.8\%$，$\varepsilon\geq75\%$；$\alpha>0.8\%$，$\varepsilon\geq85\%$； 其他矿石：$\alpha\leq1.2\%$，$\varepsilon\geq55\%$；$1.2\%<\alpha\leq2\%$，$\varepsilon\geq65\%$；$\alpha>2\%$，$\varepsilon\geq75\%$

续表

序号	矿种	领跑者指标	一般指标	最低指标
18	钨矿	≥ 88%	≥ 82.5%	与矿石类型和入选品位有关，黑钨矿：$WO_3 > 0.2\%$，$\varepsilon \geqslant 82\%$；$WO_3 \leqslant 0.2\%$，$\varepsilon \geqslant 74\%$；白钨矿：$WO_3 > 0.2\%$，$\varepsilon \geqslant 78\%$；$WO_3 \leqslant 0.2\%$，$\varepsilon \geqslant 70\%$；复杂难选、混合矿：$WO_3 > 0.2\%$，$\varepsilon \geqslant 70\%$；$WO_3 \leqslant 0.2\%$，$\varepsilon \geqslant 62\%$
19	锡矿	≥ 85%	≥ 73%	与可选程度和入选品位有关，中等可选：$\alpha \geqslant 0.8\%$，$\varepsilon \geqslant 80\%$，$0.4\% < \alpha < 0.8\%$，$\varepsilon \geqslant 70\%$，$\alpha \leqslant 0.4\%$，$\varepsilon \geqslant 62\%$；复杂难选：$\alpha \geqslant 0.8\%$，$\varepsilon \geqslant 65\%$，$0.4\% < \alpha < 0.8\%$，$\varepsilon \geqslant 60\%$，$\alpha \leqslant 0.4\%$，$\varepsilon \geqslant 50\%$
20	锑矿	≥ 95%	≥ 88.6%	与可选程度和入选品位有关，中等可选：$\alpha \geqslant 2.5\%$，$\varepsilon \geqslant 90\%$，$1.5\% < \alpha < 2.5\%$，$\varepsilon \geqslant 82\%$，$\alpha \leqslant 1.5\%$，$\varepsilon \geqslant 75\%$；复杂难选：$\alpha \geqslant 2.5\%$，$\varepsilon \geqslant 75\%$，$1.5\% < \alpha < 2.5\%$，$\varepsilon \geqslant 65\%$，$\alpha \leqslant 1.5\%$，$\varepsilon \geqslant 60\%$
21	钴矿	—	≥ 72%	≥ 70%
22	铋矿	—	≥ 72%	≥ 70%
23	金矿	采用常规浮选工艺的金矿≥ 96%	采用常规浮选工艺的金矿≥ 85%	采用常规浮选工艺的金矿≥ 80%
24	银矿	≥ 90%	≥ 82%	与入选品位有关，$\alpha \geqslant 120g/t$，$\varepsilon \geqslant 80\%$，$80g/t < \alpha < 120g/t$，$\varepsilon \geqslant 75\%$，$\alpha \leqslant 80g/t$，$\varepsilon \geqslant 70\%$
25	钽铌矿	—	根据矿石品位高低，选矿回收率不同，$\alpha \geqslant 0.020\%$，$\varepsilon \geqslant 48\%$，$0.017\% \leqslant \alpha < 0.02\%$，$\varepsilon \geqslant 35\%$，$\alpha < 0.017\%$，$\varepsilon \geqslant 30\%$	据矿石品位高低，选矿回收率不同，$\alpha \geqslant 0.020\%$，$\varepsilon \geqslant 43\%$，$0.017\% \leqslant \alpha < 0.02\%$，$\varepsilon \geqslant 30\%$，$\alpha < 0.017$，$\varepsilon \geqslant 25\%$
26	锂矿	—	锂辉石选矿回收率应≥ 80%，锂云母选矿回收率应≥ 65%	锂辉石选矿回收率应≥ 65%，锂云母选矿回收率应≥ 60%
27	锆矿	—	≥ 70%	≥ 65%
28	锶矿	—	选矿回收率应≥ 85%，其中入选品位< 45% 或复杂难选的锶矿选矿回收率应≥ 75%	选矿回收率应≥ 80%，其中入选品位< 45% 或复杂难选的锶矿选矿回收率应≥ 70%
29	稀土矿	离子型稀土选矿回收率≥ 96%	岩矿型稀土选矿回收率≥ 80% 离子型稀土选矿回收率≥ 93%	岩矿型稀土选矿回收率应≥ 65%。离子型稀土选矿回收率应≥ 90%

续表

序号	矿种	领跑者指标	一般指标	最低指标
30	石墨	≥ 90%	≥ 83%	≥ 80%
31	磷矿	≥ 93%	≥ 85%	≥ 80%
32	硫铁矿	≥ 92%	≥ 85%	≥ 70%
33	硼矿	—	—	硼矿中只有低品位硼铁矿（5%~11%）进行选矿，其选矿回收率（总硼）≥ 65%
34	钠硝石	—	—	≥ 75%
35	蓝晶石	—	≥ 68%	≥ 52%
36	矽线石	—	≥ 80%	≥ 40%
37	硅灰石	—	≥ 85%	≥ 80%
38	红柱石	—	≥ 60%	≥ 42%
39	石棉	—	≥ 85%	≥ 80%
40	云母	—	≥ 82%	≥ 80%
41	长石	≥ 90%	≥ 85%	≥ 80%
42	石榴子石	—	≥ 70%	—
43	蛭石	—	≥ 85%	≥ 80%
44	沸石	—	≥ 85%	≥ 82%
45	重晶石	≥ 96%	≥ 95%	重晶石选矿回收率≥ 90%。矿石结构复杂，伴生有石英、方解石、萤石等矿物成分的难选矿石选矿回收率≥ 80%
46	萤石	≥ 95%	≥ 89%	萤石选矿回收率≥ 83%，难选矿石选矿回收率≥ 75%
47	电气石	—	易选矿石 ≥ 90%；一般矿石 ≥ 80%；难选矿石 ≥ 70%	—
48	含钾岩石	—	—	≥ 80%
49	珍珠岩	—	≥ 80%	≥ 75%
50	菱镁矿	—	≥ 70%	≥ 60%
51	石英岩	≥ 95%	≥ 90%	≥ 75%
52	石英砂岩	≥ 85%	≥ 80%	≥ 75%
53	脉石英	≥ 75%	≥ 65%	≥ 60%
54	天然石英砂	≥ 90%	≥ 85%	≥ 75%
55	粉石英	≥ 90%	≥ 85%	≥ 80%
56	钾盐	—	氯化物型卤水的盐湖钾盐矿选矿回收率应≥ 62%，硫酸盐型卤水的盐湖钾盐矿选矿回收率应≥ 49%	氯化物型卤水的盐湖钾盐矿选矿回收率应≥ 55%，硫酸盐型卤水的盐湖钾盐矿选矿回收率应≥ 43.5%

续表

序号	矿种	领跑者指标	一般指标	最低指标
57	盐矿	—	盐湖采矿法开采湖盐矿的矿山盐田采收率≥ 90%，钻井水力采矿法开采天然卤水矿的矿山盐田采收率≥ 64%	盐湖采矿法开采湖盐矿的矿山盐田采收率应≥ 85%，钻井水力采矿法开采天然卤水矿的矿山盐田采收率应≥ 60%
58	镁盐	—	≥ 85%	≥ 80%
59	石煤	石煤入选率≥ 90%	石煤入选率≥ 80%	石煤入选率≥ 70%
60	天然沥青	≥ 90%	≥ 85%	≥ 80%
61	油砂	油砂油回收率≥ 90%	油砂油回收率≥ 85%	油砂油回收率≥ 80%
62	油页岩	含油率＞ 6% 的油页岩矿的油回收率≥ 80%，含油率 3.5% ～ 6% 的油页岩矿的油回收率≥ 70%	含油率＞ 6% 的油页岩矿的油回收率≥ 75%，含油率 3.5% ～ 6% 的油页岩矿的油回收率≥ 65%	含油率＞ 6% 的油页岩矿的油回收率≥ 65%，含油率 3.5% ～ 6% 的油页岩矿的油回收率≥ 55%

注：α 是指入选品位或地质品位；ε 是指选矿回收率；β 是指氧化率。

6.1.3 选矿加工过程最大化降低能源消耗，减少尾矿、废渣等废弃物排放，实现矿产资源利用效率最大化。浮游选矿、化学选矿等宜采用无毒或低毒选矿药剂

［解析］本条是对选矿加工过程中环境保护的要求。

（1）选矿加工的能源消耗

A. 主要能耗环节

a. 破碎

破碎是将大块矿石破碎成较小粒度的过程，是选矿前的预处理步骤。破碎环节消耗大量的能源，尤其是粗碎阶段。破碎机的能耗与设备类型、矿石性质和处理量等因素有关。

b. 磨碎

磨碎是将破碎后的矿石进一步磨细，使其达到选别要求的过程。磨碎环节的能耗通常占选矿总能耗的 50% 以上，是选矿过程中的主要能耗环节。磨矿机的能耗与设备类型、磨矿介质、磨矿浓度等因素密切相关。

c. 选别

选别是根据矿石中不同矿物的物理或化学性质差异，将有用矿物与脉石矿物分离的过程。选别环节的能耗因选矿方法而异。例如，浮选法需要消耗大量的电能用于搅拌和气泡生成，而磁选法则主要消耗电能用于磁选设备的运行。

d. 脱水

脱水是将选别后的精矿或尾矿进行脱水处理，使其达到运输或贮存要求的过程。脱水环节的能耗相对较低，但仍然是选矿过程中不可或缺的一部分。

B. 主要耗能设备

1）破碎机：包括颚式破碎机、圆锥破碎机等，是破碎环节的主要能耗设备。

2）磨矿机：包括球磨机、自磨机等，是磨碎环节的主要能耗设备。

3）选别设备：包括浮选机、磁选机等，是选别环节的主要能耗设备。

4）脱水设备：包括浓缩机、压滤机等，是脱水环节的主要能耗设备。

C. 能耗影响因素

1）设备性能：设备的老化程度、能效水平直接影响能耗。高效节能的设备能够显著降低能耗。

2）工艺流程：工艺流程的合理设计能够减少能耗浪费。例如，通过优化破碎和磨矿工艺，可以提高处理效率，降低能耗。

3）操作水平：操作人员的技能水平和节能意识对能耗也有重要影响。规范的操作和及时的设备维护可以减少能耗。

4）矿石性质：矿石的硬度、粒度、含泥量等性质也会影响能耗。例如，硬度较大的矿石需要消耗更多的能源进行破碎和磨碎。

D. 节能措施

1）在设备选型时，优先考虑能耗低、效率高的设备。

2）通过优化破碎、磨矿、选别等环节的工艺流程，提高处理效率，降低能耗。

3）定期对设备进行维护和保养，确保设备正常运行，减少能源消耗。

4）加强操作人员的培训，提高操作技能和节能意识，规范操作行为。

（2）减少尾矿、废渣等废弃物排放

A. 采用先进的选矿技术和设备

1）使用高效的浮选、重选、磁选等选矿技术，可以提高矿石的回收率，减少尾矿和废渣的产生。

2）选用先进的具有更高处理效率和更低能耗的破碎机、磨矿机、选别机等选矿设备，从而减少废弃物的排放。

B. 尾矿回填

1）将尾矿回填至采矿区，不仅有效减少了尾矿的排放，还能充填采矿区，大幅减少对土地资源的占用或减少土地损坏。

2）尾矿回填还可以利用尾矿中的有用成分，提高矿产资源的利用率。

C. 尾矿干排与堆存

通过脱水设备将尾矿中的水分脱除，形成含水量较低的尾矿渣，便于堆存和运输。干堆尾矿可以减少占地面积，降低尾矿库的安全风险，同时便于后续的综合利用。

D. 实时环境监测

建立健全环境监测体系，对选矿过程中的废水、废渣等废弃物进行定期监测和分析。

根据监测结果及时调整选矿工艺和设备参数，优化选矿过程，减少废弃物的排放。

（3）提高矿产资源利用效率

在选矿加工过程中实现矿产资源利用效率的最大化，是提升经济效益、保护环境、实现可持续发展的重要途径。

A. 科学设计选矿流程

1）根据矿石性质、矿物组成及市场需求，设计合理的选矿工艺流程。

2）采用阶段磨矿、阶段选别的工艺流程，避免过磨和欠磨现象，以提高有用矿物的回收率。

B. 选择先进的选矿技术、装备

1）联合使用浮选、重选、磁选、电选等多种选矿方法，以提高选矿效率和精度。

2）引入先进的自动化控制系统和在线监测技术，实现选矿过程的智能化和精准化控制。

3）选择破碎、磨矿、分级、选别等关键设备时，优先考虑能效高、性能稳定的设备。

4）定期对选矿设备进行维护和升级，确保设备处于最佳运行状态。

C. 优化设备配置与布局

1）根据矿石处理量和工艺流程要求，合理配置设备数量和类型。

2）优化设备布局，减少物料运输距离和能耗，提高生产效率。

D. 有价元素的回收及有用成分的提取

关注尾矿中有用成分的提取不仅可以提高资源利用率，还能为企业带来经济效益。提取有用成分的方法主要包括物理方法、化学方法和生物方法。

1）物理方法：通过破碎、筛分、磁选、重选等方法，将金属矿物与其他成分分离。这种方法适用于金属矿物品位较高、与其他成分差异较大的废渣。

2）化学方法：使用化学试剂将金属矿物溶解，再通过沉淀、过滤等方法回收金属。这种方法适用于金属矿物品位较低、难以通过物理方法分离的废渣。常用的化学试剂包括酸、碱、盐等。

3）生物方法：利用微生物的代谢作用，将金属矿物从废渣中浸出。这种方法具有环保、低成本的优点，但技术难度较大，需要进一步研究和开发。

E. 加强选矿过程的管理

1）加强对选矿过程中的矿石损失的监控和管理，分析损失原因并采取相应措施。

2）通过改进破碎、磨矿、分级等工艺环节，减少矿石在破碎和磨矿过程中的损失。

（4）选矿药剂

选矿药剂是指在矿石选矿过程中，为了提高矿物的分离效果而添加的化学物质。这些药剂通过改变矿物表面的物理化学性质，增强或抑制矿物的上浮、沉降等行为，从而实现矿物的有效分离和富集。选矿药剂在选矿工艺中起着至关重要的作用，它们能够显著提高矿物的回收率和精矿品位，降低生产成本，同时也有助于环境保护和安全生产。

A. 选矿药剂的主要作用

1）改变矿物表面性质：选矿药剂通过吸附在矿物表面，改变矿物表面的疏水性或亲水性，从而提高矿物与气泡或水的附着力，实现矿物的浮选或沉降。

2）调节矿浆性质：选矿药剂通过调整矿浆的pH、离子浓度等，改善矿物的浮选环境，提高选矿效率。

3）抑制或活化矿物：使用抑制剂来抑制某些矿物的浮选活性，使用活化剂来增强某些矿物的浮选活性。

B. 选矿药剂的类型

1）捕收剂：捕收剂用于捕集矿物颗粒，使其附着在气泡上浮选。捕收剂通过吸附在矿物表面，改变矿物表面的疏水性，使矿物能够附着在气泡上，从而实现矿物的浮选。如硫氨酯等。

2）起泡剂：起泡剂用于产生稳定且均匀的气泡，便于矿物颗粒的附着和分离，帮助矿物颗粒浮选。起泡剂能够降低水的表面张力，使气泡稳定并均匀地分散在矿浆中，为矿物的浮选提供必要的条件。如松醇油、甲酚油等。

3）调整剂：用于调整矿浆的pH、离子浓度等物理化学性质，以改善矿物的浮选环境，从而提高浮选效果。调整剂包括pH调节剂、活化剂和抑制剂等，它们能够影响矿物表面的电荷、亲水性等特性，从而实现对矿物浮选行为的控制。如石灰、硫酸铜、碳酸钠等。

4）抑制剂：抑制剂用于抑制某些矿物的浮选活性，以实现矿物的选择性分离。抑制剂能够改变矿物表面的物理化学性质，使其难以被捕收剂吸附或附着在气泡上，从而实现矿物的选择性分离。如水玻璃、硫化钠、硫酸锌等。

5）絮凝剂和分散剂：絮凝剂和分散剂用于改善矿物的沉降和过滤性能，提高选矿效率。絮凝剂能够促进矿浆中细小颗粒的聚集，形成较大的絮团，便于分离和回收；分散剂则能够防止矿粒的聚集和结块，保持矿浆的均匀性和稳定性。

C. 无毒或低毒选矿药剂

无毒或低毒选矿药剂是指在选矿过程中使用的，具有较低毒性或无毒性的化学药剂。随着环保法规的日益严格和选矿技术的不断进步，无毒或低毒选矿药剂的研发和应用将成为未来的重要趋势。

使用无毒或低毒选矿药剂的意义：

1）毒性较低药剂对操作人员和周围环境的危害较小，通常不会对人体产生急性或慢性的毒害作用，也不会在环境中积累，造成长期污染。

2）无毒或低毒选矿药剂易于降解，不会对环境造成长期污染。使用这类药剂有助于减少选矿过程对水资源、土壤和空气的污染，保护生态环境。

3）有一些药剂尽管毒性较低，但仍然能够保持较高的选矿效率，有效地捕集目标矿物，抑制非目标矿物的浮选，提高精矿品位和回收率。

6.1.4 对复杂难处理矿石宜采用绿色、低碳、清洁及高效等新工艺、新技术，提高选矿回收率

【解析】本条是对复杂难处理矿石的选矿回收的要求。

（1）复杂难处理矿石

复杂难处理矿石是指采用常规加工方法难以有效回收其中所含的有价金属的矿石。其特点如下：

1）矿物组成复杂：矿石中含有多种矿物成分，这些矿物之间可能相互包裹、嵌布，使得有价金属难以有效解离。

2）有价金属赋存状态复杂：有价金属可能以微细粒状、包裹体等形式存在，难以通过常规的选矿方法回收。例如，金可能以细粒或次显微粒状浸染或包裹形式高度分散在其他主体矿物中，如黄铁矿、砷黄铁矿等硫化物中。

3）存在干扰元素：矿石中可能存在一些干扰元素或化合物，这些物质在选矿过程中可能与有价金属发生化学反应，降低其回收率。例如，含砷、硫或锑、碳成分的金矿石中，砷、硫等元素可能消耗大量的氰化试剂，增加成本，降低金的回收率；硫化物、碳酸盐、硅酸盐等，这些物质可能与有价金属发生化学反应，降低其回收率。

4）选矿难度大：结合上述特点可以看出，复杂难处理矿石的选矿过程往往难度较大，需要采用多种选矿方法和工艺联合处理，才能实现有价金属的有效回收。

（2）绿色选矿工艺

绿色选矿工艺是指在选矿过程中，充分考虑环境保护和资源可持续利用的原则，采用低能耗、低污染、高效率的选矿方法和设备，最大限度地减少对生态环境的破坏，实现矿业可持续发展的一种选矿技术。

A. 使用环保型选矿药剂

1）研发并推广低毒、易降解、高效且对环境和人体危害小的新型选矿药剂，例如羟肟酸类药剂（如水杨羟肟酸）和膦酸类药剂（如苯乙烯膦酸），以替代传统毒性较大的选矿药剂，如胂酸类药剂。

2）通过科学合理地组合和改进药剂配方，优化药剂使用方案，提高药剂的选矿效率，减少药剂的使用量。

B. 应用高效选矿设备与技术

1）采用高效的重选、浮选、磁选等设备，改进磨矿与分级系统，优化选别流程，提高矿石的解离度和回收率。

2）采用短流程选矿技术，减少选矿过程中的能源消耗和废弃物排放。

C. 绿色低碳技术

1）选用节能型选矿设备，如采用变频调速技术、智能控制技术等降低设备的能耗。

2）优化设备运行参数，提高设备的运行效率，减少能源浪费。

3）在矿山开采和选矿过程中，利用太阳能、风能等清洁能源替代传统的化石能源，减少碳排放。

D. 加强智能化建设

1）利用大数据分析与人工智能算法，实现药剂的智能选择，根据矿石的性质和选矿工艺的要求，快速筛选出最佳药剂组合。

2）引入智能化选矿设备，如智能监控系统，实时监测选矿过程，根据数据反馈自动调节作业参数，确保选矿过程的稳定性和一致性。

（3）提高复杂难选矿的回收率

A. 优化选矿预处理工艺

1）选择高效、节能的破碎和磨矿设备，如采用高压辊磨机替代传统球磨机，以降低能耗并提高细磨效率。

2）实施多阶段破碎与筛分，确保矿石粒度均匀，减少过粉碎现象，为后续磨矿创造有利条件。

3）根据矿石性质调整磨矿介质、磨矿浓度及磨矿时间等参数，以实现最佳磨矿效果，提高矿物解离度。

4）在破碎前加强矿石的除泥、除杂工作，减少无用矿物对后续选矿过程的干扰。

5）采用重选、磁选等物理选矿方法预先分离出部分易选矿物，减轻后续浮选负担。

B. 优化选矿工艺

1）选择合适的选矿方法：根据矿石的矿物组成、嵌布特征等，灵活采用浮选、磁选、重选等多种选矿方法联合使用，提高综合回收率。采用阶段磨矿、阶段选别的流程，及时回收粗粒金或其他有用矿物，避免在磨矿过程中流失。

2）优化选矿药剂制度：通过实验室试验和现场试验，筛选出最适合当前矿石性质的浮选药剂组合；精确控制药剂用量，避免过量使用导致药剂残留和环境污染，同时保证选矿效果。

3）控制选矿过程中的环境条件：严格控制温度、湿度和pH等对选矿效果有显著影响的选矿条件，提高矿浆浓度，提高浮选效率。

4）研究和推广微泡浮选技术：能够高效捕收微细粒矿物，有效减少矿物颗粒的流失。该技术降低了气泡在浮选过程中的能耗，同时减少了精矿中的脉石夹杂，进而显著提高资源回收率，并提升精矿的品位和纯度。

6.1.5 破碎车间、输送廊道等主要生产区域宜进行全封闭，并配备收尘、降尘设备

［解析］本条是对选矿厂等场所粉尘治理的要求。

（1）选矿加工产生粉尘区域

A. 破碎筛分车间

1）破碎机区域：矿石在破碎机的挤压、撞击和剪切作用下被破碎成更小的颗粒，这个过程中会产生大量粉尘。破碎机的进料口、出料口及破碎腔内都是粉尘产生的主要位置。

2）筛分设备区域：矿石在筛分过程中，由于振动和物料之间的碰撞，会产生粉尘。筛分设备的上、下料口及筛分面是粉尘产生的主要区域。

B. 输送廊道与转运点

1）输送廊道：矿石在输送带上运输时，由于输送带的振动和矿石之间的碰撞，会产生粉尘。输送廊道内，特别是矿石落差较大的地方，粉尘产生尤为明显。

2）转运点：矿石从输送带转移到另一个输送带或贮储设备时，由于落差和碰撞，会产生大量粉尘。

C. 贮存与装载区域

1）贮矿槽、矿仓：矿石在贮存过程中，由于堆料的压实和卸料时的落差，会产生粉尘。

2）装载区域：矿石在装载到运输车辆或其他设备时，由于落差和碰撞，会产生粉尘。

（2）粉尘危害

1）工人长期在粉尘环境中工作，可能吸入大量粉尘，导致呼吸系统疾病，如尘肺病等。

2）粉尘会附着在设备上，增加设备的摩擦和磨损，缩短设备的使用寿命。

3）粉尘如果未经处理直接排放到大气中，会对周边环境造成污染。

（3）粉尘控制措施

A. 密封设施、设备

对破碎机、皮带运输机、振动给料机等设备进行密封处理，减少粉尘的外泄。例如，在破碎机的进料口、出料口、皮带运输机的转运点等处设置密封罩。

对输送廊道进行密闭处理，减少粉尘的外泄。可以在输送廊道的进出口设置密封门或帘，确保粉尘被限制在廊道内部。

B. 安装除尘设备

1）布袋除尘器：通过布袋过滤的方式，将空气中的粉尘收集起来。布袋除尘器适用于处理风量较大、粉尘浓度较高的场合。

2）湿式除尘器：利用水雾或水膜将空气中的粉尘捕捉下来。湿式除尘器适用于处理湿度较高、粉尘黏性较大的场合。

3）干雾抑尘系统：通过在输送廊道内安装干雾喷头，喷射微小的水雾颗粒，使粉尘颗粒相互黏结、聚集增大，并在自身重力的作用下沉降。干雾抑尘系统耗水量低、除尘效率高，且不会增加矿石的湿度，影响后续加工。

C. 优化工艺

调整输送带的速度，减少矿石的落差和碰撞，从而降低粉尘的产生。在输送廊道内设置缓冲装置，如缓冲床、缓冲板等，减少矿石对输送带的冲击。

D. 加强管理

1）在输送廊道内设置通风系统，及时将粉尘排到廊道外部。通风系统应与除尘设备配合使用，确保粉尘被有效收集和处理。

2）定期对输送廊道进行清扫和维护，清除附着在设备和廊道壁上的粉尘，保持廊道的清洁和畅通。

3）为工人配备防尘口罩、防尘眼镜等个人防护用品，减少粉尘对工人的危害。

6.2 综合利用

6.2.1 在经济合理的情况下，主要矿产及共伴生矿产得到充分利用。主要矿产分质加工、优质优用，共伴生矿产综合利用率指标符合矿产资源合理开发利用“三率”指标要求，计算方法应符合附录A的相关规定

［解析］**本条是对矿产资源综合利用的要求。**

（1）矿产资源充分利用

矿产资源充分利用是指在矿产资源的开采、加工、利用等各个环节中，在经济合理的情况下，尽可能地提高矿产资源的回收率、利用率和综合价值，确保矿产资源的最大化利用，同时减少浪费和对环境的负面影响。

A. 经济合理

经济合理主要指的是在资源分配、项目投资、生产经营等经济活动中，所做出的决策或采取的行动在经济上是可行的、有效的。

经济合理是矿产资源开发利用的前提，在开发矿产资源时，必须考虑成本、收益、市场风险等因素，确保开发活动是经济可行的。

B. 主要矿产的充分利用

主要矿产是指蕴藏在矿床中，具有较高经济价值且开采利用技术相对成熟的矿产资源。充分利用主要矿产，不仅要求在开采过程中采取先进技术和科学方法，尽可能提高矿产资源的回收率，减少资源浪费，而且还要注重矿产资源的深加工和综合利用。通过深加工，可以将原材料转化为更高附加值的产品，满足市场多样化需求；通过综合利用，可以

实现对矿产资源中伴生元素和共生矿产的有效利用，进一步提高矿产资源的整体利用效率和经济效益。

C. 共伴生矿产的充分利用

共伴生矿产是指与主要矿产在地质形成过程中共生或伴生的其他矿产资源，往往与主要矿产紧密相连，共同存在于同一矿床或矿体中。然而，由于开采技术、经济条件或市场需求的限制，这些共伴生矿产在过往的开采过程中往往被忽视或浪费，未能得到充分的利用。为了实现矿产资源的最大化利用和可持续发展，充分利用共伴生矿产显得尤为重要。这要求在开采主要矿产的同时，必须充分考虑共伴生矿产的开采和利用，通过不断的技术创新和经济手段的优化，提高共伴生矿产的回收率和利用率。这样不仅可以增加矿产资源的总量，还能提高矿产资源的整体经济效益。

（2）矿产资源合理利用

矿产分质加工、优质优用体现了对矿产资源价值的深入挖掘和高效利用。

A. 矿产分质加工

矿产分质加工是指根据矿产资源的品质、成分和特性，采用不同的加工技术和工艺流程，将其转化为符合市场需求的高附加值产品。其意义在于，通过精细化加工，可以最大限度地发挥矿产资源的潜在价值，提高矿产资源的利用效率和经济效益。

B. 优质优用

优质优用是指在矿产资源的利用过程中，根据矿产资源的品质、成分和特性，选择最合适的利用方式和途径，确保矿产资源的优质、高效利用。其意义在于，通过优化利用方式和途径，可以提高矿产资源的利用效率和经济效益，减少对低品质矿产资源的依赖和浪费。

（3）共伴生矿产综合利用率

共伴生矿产综合利用率也叫矿产资源综合利用率。共伴生矿产资源综合利用率指采选作业中，各最终精矿产品中共伴生有用组分的质量之和与当期消耗矿产资源储量中共伴生有用组分质量和的百分比。它体现了矿山企业开发利用的主、共伴生矿产资源及其生产过程中所产生的尾矿、废石、废水、废气、废渣等的综合利用程度。

矿产资源综合利用率公式如下：

$$T_{Pk}^{V}=\frac{K\cdot\sum_{i=1}^{v}\varepsilon_i\cdot\alpha'_i}{\sum_{i=1}^{v}\alpha'_i}\times 100\%$$

式中：

T_{Pk}^{V}——k 种共伴生有用组分回收 v 种时的共伴生矿产综合利用率；

K ——开采回采率；

v ——各最终产品中回收利用的共伴生有用组分个数；

ε_i ——共伴生有用组分 i 的选矿回收率；

α'_i ——共伴生有用组分 i 的当量品位；

k ——矿产资源储量中共伴生有用组分个数。

（4）部分矿种共伴生矿产资源综合利用率指标要求

按照自然资源部发布《矿产资源“三率”指标要求》等系列标准，共伴生矿产资源综合利用率需达到一般指标要求及以上，部分矿种共伴生矿产资源综合利用率指标要求见表 6.2。

表 6.2　部分矿种共伴生矿产资源综合利用率指标一览表

序号	矿种	领跑者指标	一般指标	最低指标
1	煤	达到 90%	≥ 85%	≥ 75%
2	石油	溶解气综合利用率≥ 99%	溶解气综合利用率≥ 90%	溶解气综合利用率≥ 75%
3	天然气	凝析油综合利用率、硫化氢综合利用率、二氧化碳气综合利用率、氦气综合利用率≥ 98%	凝析油综合利用率、硫化氢综合利用率、二氧化碳气综合利用率、氦气综合利用率≥ 95%	凝析油综合利用率、硫化氢综合利用率、二氧化碳气综合利用率、氦气综合利用率≥ 90%
4	煤层气	硫化氢综合利用率、二氧化碳气综合利用率、氦气综合利用率≥ 98%	硫化氢综合利用率、二氧化碳气综合利用率、氦气综合利用率≥ 95%	硫化氢综合利用率、二氧化碳气综合利用率、氦气综合利用率≥ 90%
5	页岩气	凝析油综合利用率、硫化氢综合利用率、二氧化碳气综合利用率、氦气综合利用率≥ 98%，	凝析油综合利用率、硫化氢综合利用率、二氧化碳气综合利用率、氦气综合利用率≥ 95%	凝析油综合利用率、硫化氢综合利用率、二氧化碳气综合利用率、氦气综合利用率≥ 90%
6	二氧化碳气	凝析油综合利用率、硫化氢综合利用率、氦气综合利用率≥ 98%	凝析油综合利用率、硫化氢综合利用率、氦气综合利用率≥ 95%	凝析油综合利用率、硫化氢综合利用率、氦气综合利用率≥ 90%
7	铁矿	—	—	当共伴生的有用矿物在现有技术条件下暂时不能回收，或技术经济评价结论不宜综合利用的，应提出处置措施，为以后实施综合利用创造条件
8	锰矿	—	—	当共伴生有用组分在现有技术条件下暂时不能回收或技术经济评价结论不宜综合利用时，应提出处置措施，矿山具体利用程度应依据地质勘查报告、选矿试验、矿山设计及矿山采选生产实际等确定
9	铬矿	—	—	铬矿中常伴生有铂族及钴、镍、金等元素，当铂族元素含量总量大于 0.2g/t、钴含量大于 0.02%、镍含量大于 0.2% 时，应加强综合评价并尽可能回收利用与铬矿共生的矿物，其综合利用率不得低于 50%；与铬矿伴生的矿物，其综合利用率≥ 30%

续表

序号	矿种	领跑者指标	一般指标	最低指标
10	铜矿	—	—	露天开采或 Cu ≥ 1.0% 地下开采，矿石含硫＞10%，无铁 / 不回收铁、易选铁、中等可选、难选铁共伴生资源综合利用率最低指标分别是 65%、55%、47%、40%；矿石含硫为 2% ~ 10%，无铁 / 不回收铁、易选铁、中等可选、难选铁共伴生资源综合利用率最低指标分别是 55%、50%、43%、37%；矿石含硫≤ 2%，无铁 / 不回收铁、易选铁、中等可选、难选铁共伴生资源综合利用率最低指标分别是 50%、45%、40%、35%。 Cu 0.5% ~ 1% 地下开采，矿石含硫＞ 10%，无铁 / 不回收铁、易选铁、中等可选、难选铁共伴生资源综合利用率最低指标分别是 55%、45%、40%、36%；矿石含硫为 2% ~ 10%，无铁 / 不回收铁、易选铁、中等可选、难选铁共伴生资源综合利用率最低指标分别是 50%、42%、38%、34%；矿石含硫≤ 2%，无铁 / 不回收铁、易选铁、中等可选、难选铁共伴生资源综合利用率最低指标分别是 45%、40%、36%、32%。 Cu ≤ 0.5% 地下开采，矿石含硫＞ 10%，无铁 / 不回收铁、易选铁、中等可选、难选铁共伴生资源综合利用率最低指标分别是 50%、40%、37%、35%；矿石含硫为 2% ~ 10%，无铁 / 不回收铁、易选铁、中等可选、难选铁共伴生资源综合利用率最低指标分别是 45%、37%、35%、32%；矿石含硫≤ 2%，无铁 / 不回收铁、易选铁、中等可选、难选铁共伴生资源综合利用率最低指标分别是 40%、35%、32%、30%
11	铝土矿	—	—	铝土矿中常含有高岭石、铁、镓、硫、耐火黏土、铁矾土、熔剂用灰岩、煤炭、陶瓷土等多种有用矿产，按照 DZ/T 0202—2002 铝土矿、冶镁菱镁矿地质勘查规范，应加强综合评价与回收利用，企业宜综合利用有用组分
12	铅锌矿	—	—	铅矿或锌矿中常伴生铜、钨、锡、钼、铋、砷、汞、钴、镍、金、银、铂、稀有金属、稀散元素、铀，以及硫、铁、萤石、天青石、重晶石等有用组分，应加强综合评价与回收利用。铅锌矿综合利用率≥ 40%
13	钼矿	—	—	钼矿中常伴生钨、铋、铜、铅、锌、钴、铁、金、铌、铍、铼、铟、硒、碲、铀、硫等有用组分，应加强综合评价与回收利用。当钼矿仅回收铜或钨时，综合利用率应达到 50% 以上；当回收两种以上伴生组分时，综合利用率应达到 40% 以上
14	镍矿	—	—	镍矿中常伴生铜、铁、铬、钴、锰、铂族元素、金、银及硒、碲等有用组分，应加强综合评价与回收利用。当综合回收黑色金属和（或）非金属资源时，其共伴生矿产综合利用率≥ 45%；当综合回收资源全部为有色金属时，其共伴生矿产综合利用率≥ 60%

续表

序号	矿种	领跑者指标	一般指标	最低指标
15	钨矿	—	—	钨矿中常伴生锡、钼、铋、铜、铅、锌、锑、铍、钴、金、银、铌、钽、稀土、锂、砷、硫、磷、水晶、萤石等有用组分，应加强综合评价与回收利用。钨矿综合利用率≥ 50%
16	锡矿	—	—	原生锡矿中常伴生钨、铅、锡、铜、锑、铌、钽、铍、铋，有时还有硫、砷和铁。砂锡矿中通常共生、伴生自然金、黑钨矿、白钨矿、独居石、金红石、白铅矿、闪锌矿、黄铜矿、方铅矿等有用矿物，以及铌、钽等稀有元素，应加强综合评价与回收利用。锡矿综合利用率≥ 50%
17	锑矿	—	—	锑矿中常伴生金、钨、铅、锌汞以及锡、铜、铋、砷、硫、铁、镍、钴、锰、铬、铂、钯、钌、硒等组分，应加强综合评价与回收利用。锑矿共伴生综合利用率≥ 50%，当锑矿石复杂难选时，共伴生矿产综合利用率≥ 40%
18	金矿	—	—	当银、硫、铜、铅、锌等伴生组分达到综合利用品位时，应加强综合评价与回收利用
19	银矿	—	—	当铜、铅、锌等伴生组分达到综合利用品位时，应加强综合评价与回收利用，共伴生矿产综合利用率应≥ 40%
20	钽铌矿	—	—	共伴生钨、锂、铷、铯、铍、铌、锂、铷、铯、铍等有用组分时，宜综合利用有用组分。当综合回收锂时，锂的选矿回收率应≥ 28%
21	锂矿	—	—	共伴生铍、钽、铌等有用组分时，宜综合利用有用组分
22	锆矿	—	—	共伴生钛铁矿、金红石等有用矿物时，宜综合回收有用矿物
23	锶矿	—	—	共伴生重晶石、石膏、硫铁矿等有用矿物时，应综合回收有用矿物，回收一种有用矿物其选矿回收率应≥ 50%，回收两种及以上矿物，其选矿综合回收率应≥ 40%
24	石墨	—	—	晶质石墨矿常共伴生云母、石英、透闪石、透辉石、石榴子石、方解石、金红石，以及铀、钒、钛、金、银、黄铁矿、磷灰石、铝土矿、稀有元素等有用组分，隐晶质石墨矿中可能共伴生高岭土和锗，宜综合回收共伴生的有用矿物
25	磷矿	—	—	磷矿共伴生磁铁矿、黄铁矿、氟、碘、稀土和铀等多种有用组分，宜加强综合评价与回收利用，以及综合利用有用组分。共伴生磁铁矿且磁性铁含量大于 3% 的磷矿，综合选矿回收率≥ 57%
26	硼矿	—	—	硼矿中只有低品位硼铁矿对共伴生的铁和铀矿产进行综合利用，各组分选矿回收率均≥ 70%
27	钠硝石	—	—	共伴生矿产综合利用率≥ 25%

续表

序号	矿种	领跑者指标	一般指标	最低指标
28	石棉	—	石棉矿常共伴生菱镁矿、滑石、软玉、镍、钴、铂等资源时应加强综合评价，做到最大程度的回收利用，宜综合利用共伴生的有用矿物	—
29	石榴子石	—	宜综合利用石榴子石矿种的金红石、绿辉石	—
30	重晶石	—	—	矿山企业开发利用重晶石时，宜综合回收石英、方解石、萤石等共伴生的有用矿物
31	毒重石	—	—	矿山企业开发利用毒重石时，宜综合回收重晶石、方解石、萤石等共伴生的有用矿物
32	萤石	—	—	矿山企业开发利用萤石时，宜综合回收共伴生的有用矿物
33	电气石	—	共伴生矿产综合利用率≥ 60%（一般）	—
34	盐矿	—	—	随卤水抽出的溴、芒硝等资源，宜综合利用有用矿物（组分），如不能利用应回灌至采卤后的空腔
35	石煤	≥ 85%	≥ 80%	≥ 75%
36	油砂	≥ 70%	≥ 60%	≥ 50%

6.2.2 固体废弃物通过提取有用组分、回填、铺路、生产建材等方式进行合理处置与利用

[解析] 本条是对固体废弃物资源化利用的要求。

（1）相关法律法规规定的内容

《一般工业固体废物贮存和填埋污染控制标准》（GB 18599）规定了一般工业固体废物贮存场、填埋场的选址、建设、运行、封场、土地复垦等过程的环境保护要求，以及替代贮存、填埋处置的一般工业固体废物充填及回填利用环境保护要求，以及监测要求和实施与监督等内容。适用于新建、改建、扩建的一般工业固体废物贮存场和填埋场的选址、建设、运行、封场、土地复垦的污染控制和环境管理，现有一般工业固体废物贮存场和填埋场的运行、封场、土地复垦的污染控制和环境管理，以及替代贮存、填埋处置的一般工业固体废物充填及回填利用的污染控制及环境管理。

（2）固废的概念

废弃物是指特定条件下对某一活动无用、不要而丢弃的物品、物质。广义而言，包括

固态、液态和气态废弃物；狭义而言，多指固废或含大量固体的废弃物。但需要说明，“无用、不要”是相对的，并不表示丢弃的废弃物完全失去了使用价值，当技术、环境等条件改变或活动方式、方法、目的改变后，被丢弃的废弃物有可能成为生产的原材料、燃料或消费物品，这是废弃物资源化处理的基础。

固体废物（简称固废）是指在生产、生活和其他活动中产生的丧失原有利用价值或者虽未丧失利用价值但被抛弃或者放弃的固态、半固态和置于容器中的气态的物品、物质，以及法律、行政法规规定纳入固废管理的物品、物质。

矿山固废主要有废石（渣）、煤矸石、尾矿、钻井废弃泥浆、岩屑、浮渣、油泥、垃圾等，固废的综合利用是为了减少矿山开采过程中对环境造成的污染和对生态造成的破坏。

（3）固废的资源化利用

控制固废对环境污染和对人体健康危害的主要途径是对固废进行资源化利用，全过程实现固废的减量化、资源化和无害化。

A. 减量化

减量化又称为“三减”处理，即减少、减量、减害。它指的是通过减少产生固体废物的数量，减少无法回收的固体废物的放置，最大限度地减少堆放污染物的面积和减少污染物对环境的危害。矿山主要采用降低贫化率和降低剥采率的方式来减少固体废弃物的产生，以及将可回收的废物与不可回收的废物分类存储，减少废物的体积和重量。

矿山资源被大量开采后，会留下大面积的采空区，对矿山采空区的回填是直接利用固体废弃物的有效途径之一。在采矿过程中，以矿山固废作为采空区的充填物，既实现了资源的回收利用，也减少了矿山固废对生态环境的破坏。主要有两种方式：一是直接回填到采空区，采矿产生的废石或水仓的淤泥不出坑，将固废直接回填到采空区中；二是将废石破碎到一定的粒径，作为充填骨料，改善全尾砂的级配，充填到井下采空区。采用固体废弃物作为充填料，可就地取材，废物利用，不仅解决因固体废弃物堆放造成环境污染的问题，减轻相关企业的经济负担，还可省去或大大减少固体废弃物堆放场所的建设及其运行费用。

B. 资源化

固废资源化是指对固废的再循环利用，实现回收能源和资源。对工业固废的利用，必须根据具体的行业生产特点而定，还应注意技术可行、产品具有竞争力及能获得经济效益等因素。

a. 筑路

废石和尾矿内含大量的脉石，质地坚硬，是天然的砂石材料，可以用来制作合格的砂石骨料，用作路基的铺设材料，一方面可大幅度减少开山炸石生产砂石料对环境的影响；另一方面也解决了废石及尾矿地表堆存带来的环境问题。

另外，针对低品位铁矿石，也可以选用高效干、湿法磁选机进行预选抛尾。使得少量预选精矿进入后段磨机细磨选矿，大量干、湿法抛出的尾矿可用于人工砂石料、免烧砖等建筑原料，使预抛尾矿得到高效利用，降低选矿成本。

b. 工程建设

工程建设是指建筑工程、线路管道和设备安装工程、建筑装饰装修工程等工程项目的新建、扩建和改建，是形成固定资产的基本生产过程及与之相关的其他建设工作的总称。固废除了铺路之外，一般情况下不能直接用于工程建设。

c. 制作建筑材料

黏土制砖导致土地资源被损坏。水泥的制备会消耗大量的黏土和石灰等不可再生资源，使用尾矿代替这些原材料，可有效解决土地资源破坏的问题，也能实现尾矿资源的充分利用。矿山固废制作建筑材料主要包括生产建筑用砂石骨料、砖块、水泥、玻璃制品和建筑陶瓷（彭苏萍等，2020b）。

1）砂石骨料：多数矿山废石强度高、力学性能稳定，可用来制成砂石骨料。矿山废石生产机制砂是废石利用量最大的一种方式。

2）砖块：利用尾矿和其他工业固废为主要原料，在添加剂的作用下，经蒸压成型制造成加气混凝土砌块和蒸压砖，与传统建材产品相比，性能优良，是国内外广泛应用的新型节能墙体材料。

3）制作水泥和硅酸盐建材：由于固废中含有大量的铝、硅等元素，可以经提取之后制作硅酸盐建材。碳酸盐型和高铝硅酸盐型尾矿可以代替石灰石和黏土用于煅烧水泥熟料。火山凝灰岩贫硫型黄金矿床尾矿富含硅、铝，可直接压制建筑用砖或作为水泥原料；碳酸盐岩型矿床尾矿也可作为水泥原料。当尾矿成分与水泥成分相差较大时，可作为掺配料或矿化剂使用。

4）玻璃制品：可利用富含石英的固废作为主要原料，其中硅酸盐岩常伴生萤石、方解石及白云石等矿物。在工业实践中，花岗岩型尾矿因其矿物组成特性，可直接作为玻璃生产的基料使用；对于金属矿尾矿，当其主要氧化物成分与传统玻璃原料相近时，则可通过优化工艺参数和调整配方制备玻璃制品。

5）铸石：矿山固废中含有花岗岩、白云岩、萤石等，可将其作为铸石的理想材料。

d. 用作矿物化肥或土壤改良剂

部分矿山尾矿含铁、磷、锌、钼、钒、硼、铜等元素，适量的这些元素能维持植物的正常生长和发育。有些矿山尾矿经过适当的加工可得矿物化肥，对土壤起到改善土质的作用。某选铁尾矿经赣州金环 SLon- 高梯度磁选机处理后撒入土壤，不仅改善了土壤的磁性，同时也使土壤中磁团粒的结构发生变化，最终使土壤的透气性、空隙度、结构性得到改善。

C. 无害化

固废的无害化是指经过适当的处理或处置，使固废或其中的有害成分无法危害环境，或转化为对环境无害的物质。下面以尾矿为例，介绍固废无害化处置方法。

1）化学中和法：化学中和法是利用添加碱性物质（如石灰、碳酸盐岩等）与矿山尾矿混合堆放发生中和反应，从而实现控制酸性矿山废水的产生。其中，将石灰等碱性物质与矿山尾矿混合中和，以提高矿山尾矿的环境pH，而pH的升高可以有效降低可能起氧化作用的微生物活性，从而抑制其氧化。另外，添加碱性物质还能与矿物金属离子形成金属沉淀物，沉积在矿山尾矿的表面，有效抑制尾矿氧化溶出酸性矿山废水，最终达到处理尾矿的目的。

2）物理隔离法：所谓物理隔离法就是采用水体、碎石、污泥、木屑废物等材料覆盖在矿山尾矿表面以隔离其与氧气的接触，从而控制其产生酸性矿山废水的方法。如在加拿大魁北克省的某矿山尾矿就被直接排放到一个由土坝围筑的永久性水库中，从而实现水体隔离矿山尾矿的防氧化处理。此外，还有科技人员采用水体隔离的方法处理加拿大的一处铀尾矿，连续运行两年的监测数据表明，用水体隔离的方法能有效防止氧气接触尾矿，以减少酸性矿山废水的产生。

3）表面固化法：表面固化法是采用有机或无机的药剂（如石灰、磷酸盐、硅酸盐、有机物等）通过物理化学作用在尾矿或表面形成保护膜，以阻止氧气、水及微生物接触尾矿表面，从而抑制尾矿化学氧化和生物氧化，最终实现防止酸性矿山废水产生的目的。如有人采用油酸钠在硫铁矿物上形成一层钝化保护膜，以防止硫铁矿物的氧化，最终从源头控制酸性矿山废水的产生。

4）植被修复法：与其他方法相比，尾矿的植被修复更加环保和廉价。一般而言，尾矿的植被修复法主要有两种，一种是在尾矿表面覆盖一层厚度适宜的土壤，然后再种上植物。这一方法虽然有效，但需要移植大量的客土，还要有一系列的后续工艺相配套，较高的运行成本影响了它的大规模推广使用。

6.2.3 应制定矿井水综合利用方案，对矿井水和矿山废水进行有效处置与利用

［解析］**本条是对矿井水、矿山废水进行的处置和利用的有关要求。**

（1）相关标准

1）《矿井水综合利用技术导则》（GB/T 41019）规定了矿井水综合利用的基本要求和技术要求。适用于矿井水作为工业用水、杂用水、生态环境用水、农田灌溉用水、生活饮用水等不同用途的综合利用。

2）《高矿化度矿井水处理与回用技术导则》（GB/T 37758）规定了高矿化度矿井水处理与回用的术语和定义、总则、处理技术要求、回用技术要求、监测要求。适用于矿山企业高矿化度矿井水处理与回用。

3）《酸性矿井水处理与回用技术导则》（GB/T 37764）规定了酸性矿井水处理与回用的术语和定义、总则、回用和处理、污染物监测要求、回用管理。适用于酸性矿井水产生的矿山企业，可作为酸性矿井水处理、回用与排放、废水处理工艺选择及回用管理的技术依据。

（2）矿井水综合利用方案

矿井水，是指在矿建和开采过程中，所有渗入井下采掘空间的水，有时也含有少量渗

入的地表水。主要包括地下涌水、地表渗透水、井下生产排水（防尘、灌浆、设备冷却水等外排水）汇集所产生的废水。矿井水是矿井生产过程中排放量最多的废水。

目前，我国矿井水资源的利用率较低，部分矿井水未经处理直接排放，既造成水资源浪费，又带来环境污染。因此，制定科学合理的矿井水综合利用方案，对矿井水和矿山废水进行有效处置与利用，对于保护矿区生态环境、缓解区域水资源供需矛盾具有重要意义。具体地讲，制定矿井水综合利用方案有如下意义：

1）推动矿业绿色转型：矿井水是一种重要的非常规水源，通过制定矿井水综合利用方案，可以强化矿井水的分类分质处理和合理回用，减少对其他水源的依赖，降低对生态环境的污染，推动矿业向绿色、低碳和可持续发展的方向转型。

2）优化水资源配置格局：我国人均淡水资源占有量远低于世界平均水平，水资源供需矛盾已成为区域高质量发展的瓶颈。将矿井水纳入综合水资源管理体系，制定矿井水综合利用方案，可以提高矿井水利用率，为水资源配置提供多元化的补充，有助于缓解区域性水资源供需不平衡。

3）提升经济效益：通过矿井水综合利用方案的实施，矿山企业可以降低用水成本，提高资源利用效率，从而增加企业的盈利能力。同时，将矿井水转化为有价值的资源，如工业用水、农业灌溉水等，还可以为企业创造新的收入来源。

4）促进生态环境保护：矿井水中往往含有各种有害物质，如果直接排放会对环境造成污染。通过制定矿井水综合利用方案，对矿井水进行有效处理，可以降低污染物的排放，保护河流、湖泊等水体的生态环境，维护水生生物的多样性。此外，矿井水综合利用还可以减少地下水的开采量，有助于保护地下水资源和防止地面沉降等地质问题。

5）实现社会效益：矿井水综合利用方案的制定和实施，有助于提升企业的社会形象和声誉。通过积极履行环保责任，企业可以赢得社会各界的认可和支持，为企业的可持续发展奠定良好的基础。同时，矿井水综合利用还可以解决矿区供水紧张的问题，改善矿区居民的生活条件，促进当地经济社会的和谐发展。

（3）矿井水、废水的处置

A. 矿井水的处置

矿井水的有效处置是指通过一系列物理、化学和生物处理方法，去除矿井水中的悬浮物、溶解性污染物、重金属离子等有害物质，使其达到排放标准或满足再利用的水质要求。根据水质的不同，矿井水通常被分为洁净矿井水、含悬浮物矿井水、高矿化度矿井水、酸性矿井水和含有毒有害元素或放射性元素矿井水等类型。

1）格栅拦截与调节池均质：设置粗格栅和细格栅，拦截废水中较大的固体杂质，如树枝、石块、大块矿石等，防止其进入后续处理设备。利用调节池对矿井废水进行均质、均量处理，使废水的水质和水量相对稳定，便于后续处理。在调节池中，还可以对废水进行预曝气，促使一些有害物质的氧化分解。

2）沉淀处理：采用自然沉淀或混凝沉淀的方法去除矿井水中的大部分悬浮物。也可以向矿井水中加入混凝剂（如聚合氯化铝、硫酸亚铁等）和助凝剂（如聚丙烯酰胺），加速悬浮物的沉淀。

3）中和处理：对于酸性或碱性的矿井废水，进行中和处理，将废水的pH调节到合适的范围（一般为6～9）。

4）生物处理：对于有机物含量较高的矿井废水，采用生物处理方法。常见的好氧生物处理工艺包括活性污泥法和生物膜法，利用微生物的代谢作用将废水中的有机物分解为二氧化碳和水等无害物质；厌氧生物处理工艺（如UASB[1]上流式厌氧污泥床和IC[2]厌氧内循环工艺）在无氧条件下，利用厌氧微生物将有机物转化为甲烷和二氧化碳。

5）过滤与消毒处理：经过生物处理后的废水，可能还含有少量的悬浮物和残留有机物，采用砂滤、活性炭过滤等过滤方法进一步去除废水中的杂质。如果处理后的废水需要回用或排放，可进行消毒处理，杀灭废水中的细菌和病毒等微生物。常用的消毒方法有紫外线消毒、二氧化氯消毒、臭氧消毒等。

B. 废水的处置

这里的矿山废水是指选矿废水、选矿废渣堤堰的溢流水及矿渣堆积场的浸出水等的总称。

1）矿山废水的处理与矿井水类似，但需要根据废水的具体成分和污染特性选择合适的处理技术。

2）对于含有悬浮物、重金属、有机物等污染物的矿山废水，可以采用格栅拦截、调节池均质、沉淀处理、中和处理、生物处理、过滤与消毒处理等综合处理工艺。

（4）矿井水、废水的利用

1）处理达标的矿井水、废水可用于农业灌溉。

2）矿井水、废水经过深度处理后，可替代地下水或地表水，用于矿区电厂、化工、冶金等高耗水行业的生产用水（彭苏萍等，2020c）。

3）利用处理达标的矿井水、废水建设生态景观，如湿地公园、人工湖泊等，改善矿区生态环境。

4）经过适当处理的矿井水、废水可用作矿区的生活用水，如井下消防、洒水和降尘，以及地面绿化用水等。

---

[1] UASB（Up-flow Anaerobic Sludge Bed/Blanket），上流式厌氧污泥床，是一种处理污水的厌氧生物方法。UASB反应器广泛应用于各种高浓度有机废水的处理，如柠檬酸废水、乙醇废水、淀粉废水、造纸废水等工业废水，以及某些高浓度有机污水的预处理。

[2] IC（Internal Circulation Anaerobic Reactor），厌氧内循环工艺，是一种高效厌氧处理技术。IC厌氧反应器适用于处理各种高浓度有机废水，如食品加工废水、制药废水、农业废水、城市污水等。

7 绿色低碳

7.1 节约集约用地

矿山用地按照节约集约用地原则应进行优化配置和科学利用，充分利用荒地、劣地，少占耕地，满足工业用地控制指标及节地评价的要求。

［解析］**本条提出了节约集约利用土地的要求。**

（1）相关法规、文件的主要内容

1）《节约集约利用土地规定》对节约集约用地提出原则和要求。

2014 年 5 月 22 日国土资源部令第 61 号公布《节约集约利用土地规定》。2019 年 7 月 16 日自然资源部第 2 次部务会议文件《自然资源部关于第一批废止和修改的部门规章的决定》对《节约集约利用土地规定》进行修正。该文件明确提出“国家通过土地利用总体规划，确定建设用地的规模、布局、结构和时序安排，对建设用地实行总量控制”，最主要是“土地利用总体规划确定的约束性指标和分区管制规定不得突破，下级土地利用总体规划不得突破上级土地利用总体规划确定的约束性指标”。

2）《自然资源部办公厅关于规范开展建设项目节地评价工作的通知》（自然资办发〔2021〕14 号）是为全面提高资源利用效率，充分发挥土地使用标准对建设项目用地的控制作用，促进标准未覆盖或者超标准用地的建设项目合理用地，切实提高节约集约用地水平，而出台的政策文件。

3）《自然资源部等 7 部门关于加强用地审批前期工作积极推进基础设施项目建设的通知》（自然资发〔2022〕130 号）对节约用地的要求。

可行性研究阶段，用地涉及耕地、永久基本农田、生态保护红线的建设项目，需开展节约集约用地论证分析，从占用耕地和永久基本农田的必要性、用地规模和功能分区的合理性、不可避让生态保护红线的充分性、节地水平的先进性等方面对方案进行分析比选，形成节约集约用地专章作为用地预审申报材料提交审查。

初步设计阶段，项目应因地制宜优先采用本行业先进的节地技术和节地模式，在满足安全生产等的前提下，优化设计方案，提升项目节地水平；农用地转用和土地征收审批严格按照现行各类土地使用标准审查项目用地规模。

4）《工业项目建设用地控制指标》是对工业项目（或单项工程）及其配套工程在土地利用上进行控制的标准，适用于新建、改建、扩建工业项目，重点突出了严格节约集约利用的要求、推动提高土地产出效益、支持先进制造业和战略性新兴产业发展。

5）《建设项目用地预审管理办法》是落实新《中华人民共和国土地管理法》和《〈土

地管理法〉实施条例》的重要举措。《中华人民共和国土地管理法》第52条规定:“建设项目可行性研究论证时，自然资源主管部门可以根据土地利用总体规划、土地利用年度计划和建设用地标准，对建设用地有关事项进行审查，并提出意见。”《〈土地管理法〉实施条例》第22条、第23条又对上述规定进行了细化。《建设项目用地预审管理办法》就是要保证土地利用总体规划的实施，控制建设用地总量，规范建设项目用地预审管理工作。实行建设项目用地预审，具体有以下两方面的意义：一是加强了建设用地管理。建设项目用地预审是实施土地利用总体规划，落实用途管制的重要手段。在建设项目可行性研究阶段，土地行政主管部门依据土地利用总体规划，对项目的选址定点、用地规模等进行审查，能有效地引导建设项目合理布局，节约用地，防止建设用地盲目扩张，保护耕地，确保规划目标的实现。二是加强了服务的功能。建设项目用地预审是保证项目合理用地需求的有效措施，通过预审，参与项目的前期审查，及时掌握和了解建设项目用地情况。对合理的用地需求，通过土地利用年度计划给予安排；对项目用地安排存在的问题，及时提出解决办法和途径，就能保证建设的顺利进行。

6）《自然资源部办公厅关于规范开展建设项目节地评价工作的通知》（自然资办发〔2021〕14号）的目的是充分发挥土地使用标准对建设项目用地的控制作用，促进标准未覆盖或者超标准用地的建设项目合理用地，切实提高节约集约用地水平，规范开展建设项目节地评价工作。

7）《自然资源部关于规范临时用地管理的通知》（自然资规〔2021〕2号）的目的是为规范和严格临时用地管理，切实加强耕地保护，促进节约集约用地。

8）《住房和城乡建设部、国土资源部关于批准发布〈煤炭工程项目建设用地指标露天矿、露天矿区辅助设施部分〉的通知》（建标〔2011〕145号）对煤矿采掘场、排土场、辅助生产设施、公用工程设施、行政管理与服务设施、露天矿爆破器材库、露天矿地面制备站、矿区辅助企业及设施项目建设用地指标进行了规定。

（2）节约集约用地

A. 用地类型

用地类型主要分为以下三类。

a. 农用地

指直接用于农业生产的土地，包括耕地、林地、草地、农田水利用地、养殖水面等。

b. 建设用地

指建造建筑物、构筑物的土地，包括：

1）商服用地：指该宗地块规划的用地性质是用于建设商业服务业用房屋，出让后用地的使用年限为40年。可细分为批发零售用地、住宿餐饮用地、商务金融用地、其他商服用地。

2）综合用地：指不同用途的土地，即同一宗地包含两种或两种以上不同用途的土地，例如商业、居住综合用地，科研设计、办公综合用地等。

3）住宅用地：指传统意义上的住宅用地，有两层意义。一是住宅建筑基底占地及其四周合理间距内的用地（含宅间绿地和宅间小路等）的总称；二是供人们日常生活居住的房基地（有独立院落的包括院落），包括城镇单一住宅用地、城镇混合住宅用地、农村宅基地等。此外还包含一类居住用地和二类居住用地，主要指城市居民住宅用地，属于城市建设用地。

4）工业用地：指独立设置的工厂、车间、手工业作坊、建筑安装的生产场地、排渣（灰）场地等用地。可进一步细分为一类、二类、三类工业用地。

5）其他用地：指规划范围内除居住区用地以外的各种用地，包括非直接为本区居民配建的道路用地、其他单位用地、保留的自然村和不可建设用地等。

c. 未利用地

指农用地和建设用地以外的土地，如沙漠、冰川等。

B. 节约集约用地原则

节约集约用地原则是我国土地资源管理和利用的重要指导方针，主要包括以下三层含义。

1）节约用地：各项建设都要尽量节省用地，珍惜和合理利用每一寸土地，想方设法不占地或少占耕地，严格控制建设用地总量，避免土地资源的浪费和滥用。

2）集约用地：通过优化用地布局，提高土地利用效率和建设用地投入产出的强度，注重土地的多功能利用和立体开发，提高单位土地面积的产出效益。

3）合理利用土地资源：通过改善建设用地结构和布局，深入挖掘用地潜力，应充分利用荒地、劣地资源，并尽量减少对耕地的占用。为此，将积极采取土地整理、复垦等有效措施，以增加有效耕地面积，进而提升土地的整体利用效率。

（3）节地预审与节地评价

节地预审和节地评价都是促进节约集约用地的重要手段。通过这两个环节的紧密配合和共同作用，可以确保建设项目在用地过程中始终坚持节约集约的原则，最大限度地提高土地资源的利用效率。

节地预审是土地手续的开始阶段，也是项目核准的要件之一。在这一阶段，自然资源主管部门会对建设项目的用地情况进行初步审查，评估项目用地是否符合节约集约用地的要求，以及是否与土地利用总体规划、城市规划等相关规划相衔接。节地预审的目的是确保项目用地在前期就具备合规性和合理性，为后续的土地审批和供地工作奠定基础。

建设项目节地评价是对建设项目用地总规模和各功能分区用地规模是否合理的自我评价和自我审核过程。它是建设用地标准控制制度的重要组成部分，旨在促进土地资源的节约集约利用。通过节地评价，用地单位可以全面了解项目用地的节约集约水平，发现并解决用地过程中存在的问题，提出优化用地方案的建议。同时，节地评价也是建设项目用地预审和建设用地审查报批的重要依据之一。

节地预审在前，作为土地手续的开始阶段，节地预审是建设项目用地审批流程的初步环节。在这一阶段，自然资源主管部门会对项目用地进行初步审查，判断其是否符合节约集约用地的基本要求。通过预审了解项目用地情况，识别出可能存在的问题和风险点，为节地评价工作提供指导。节地评价在后，对于需要进一步论证用地合理性的项目，节地评价将在节地预审之后进行。用地单位将根据预审意见和实际情况，组织开展节地评价工作，深入分析项目用地的节约集约水平，并提出优化建议。节地评价可以更加准确地判断项目用地的节约集约水平，提出更加具体和有针对性的优化建议，为自然资源主管部门的决策提供更加充分的依据。

（4）建设用地控制指标

控制指标是按照《国民经济行业分类》（GB/T 4754）的制造业分类设置的，不同指标有差异。具体参见《自然资源部关于发布〈工业项目建设用地控制指标〉的通知》及附件。主要控制指标为：

1）容积率：项目用地范围内总建筑面积与项目总用地面积的比值。

容积率 = 项目用地范围内总建筑面积 / 项目总用地面积。

建筑物层高超过 8m 的，在计算容积率时该层建筑面积加倍计算。

2）建筑系数：项目用地范围内各种建筑物、用于生产和直接为生产服务的构筑物占地面积总和占项目总用地面积的比例。

建筑系数 =（建筑物占地面积 + 构筑物占地面积 + 堆场用地面积）/ 项目总用地面积 ×100%

3）行政办公及生活服务设施用地所占比例：项目用地范围内行政办公、生活服务设施占用土地面积占项目总用地面积的比例。

行政办公及生活服务设施用地所占比例 = 行政办公、生活服务设施占用土地面积 / 项目总用地面积 ×100%。

当无法单独计算行政办公及生活服务设施占用土地面积时可以采用行政办公及生活服务设施建筑面积占总建筑面积的比例计算得出的分摊土地面积代替。

4）固定资产投资强度：项目用地范围内单位面积固定资产投资额。

固定资产投资强度 = 项目固定资产总投资 / 项目总用地面积。其中：项目固定资产总投资包括建筑安装工程、设备工器具购置及固定资产建造和购置过程中发生的其他费用。

5）土地产出率：项目用地范围内单位土地面积上的营业收入。

土地产出率 = 项目营业收入 / 项目总用地面积。

6）土地税收：项目用地范围内单位土地面积上缴税金。

土地税收 = 项目税金上缴总额 / 项目总用地面积。

本指标涉及的国民经济行业代码为 13–43，采矿业国民经济行业代码为 06–11，未覆盖采矿业用地控制要求。

7.2 节能降耗

7.2.1 应建立包括能源指标、能源效率、能源使用和能源消耗相关措施计划等的能源管理体系，相关内容符合 GB/T 23331、GB 50595、GB 51053、GB 51197 等相关标准的规定。通过系统的能源管理，降低能源成本、减少温室气体排放及其他相关环境影响

［解析］本条是对矿山企业建立能源管理体系的要求。

（1）相关标准

1)《能源管理体系　要求及使用指南》(GB/T 23331）规定了建立、实施、保持和改进能源管理体系的要求。

2)《有色金属矿山节能设计规范》(GB 50595）规定了有色金属矿山节能设计的基本原则、技术要求和管理措施，旨在通过统一有色金属矿山节能设计，实现节约能源、提高能源利用效率、保护生态环境和经济效益的目标。适用于大、中、小型有色金属矿山新建和改扩建工程项目。

3)《煤炭工业矿井节能设计规范》(GB 51053）规定了煤炭工业矿井节能设计的基本原则、技术要求、节能措施和评价指标，旨在通过优化矿井设计，实现节约能源、提高能源利用效率、减少温室气体排放和环境污染的目标。适用于煤炭工业矿井的新建、改建和扩建工程项目。

4)《煤炭工业露天矿节能设计规范》(GB 51197）规定了煤炭工业露天矿节能设计的基本原则、技术要求、节能措施和评价指标。适用于新建、改建、扩建煤矿及生产煤矿的露天矿节能设计。

（2）能源管理体系

能源管理体系（Energy Management System，EnMS）是一个组织内部建立的，旨在提高能源利用效率、降低能源消耗、减少对环境影响的系统性管理体系。它遵循系统管理原理，通过实施一套完整的标准、规范，对能源使用过程进行全过程的控制和优化。

A. 实施 EnMS 的意义

1）通过优化能源使用过程，降低能源消耗，减少不必要的能源浪费。

2）采用先进的节能技术和设备，提高能源利用效率。

3）通过节约能源，减少能源费用支出，降低运营成本。

4）提高能源管理水平，树立绿色企业形象，增强市场竞争力。

5）减少对环境的影响，促进组织的可持续发展。

B. EnMS 的关键因素

a. 能源指标

能源指标是量化能源使用和能源管理绩效的数值或标准，用于监测、报告和验证能源

管理的效果。能源指标具有明确性、可测量性、可达成性、相关性和时限性。能源指标用于监测能源使用和能源管理绩效，为组织提供决策支持，跟踪和报告能源管理的效果。

常见的能源指标有能源消耗总量、终端能源消费量、能源加工转换损失量等。

能源消耗总量：指一定时期内，国民经济各行业和居民家庭在一定时间内消费的各种能源的总和，反映一个地区或组织的能源消费水平、构成和增长速度。包括原煤、原油、天然气、水能、核能、风能、太阳能、地热能、生物质能等一次能源，以及一次能源通过加工转换产生的二次能源。

终端能源消费量：指一定时期内，各行业和居民生活消费的各种能源，在扣除了用于加工转换二次能源消费量和损失量以后的数量。用于衡量能源使用的最终效果，帮助组织了解能源的实际使用情况。

能源加工转换损失量：指一定时期内，投入加工转换的各种能源数量之和与产出各种能源产品之和的差额。用于衡量能源在加工转换过程中的损失情况，帮助组织优化能源加工转换过程，减少能源浪费。

能源损失量：指一定时期内，能源在输送、分配、储存过程中发生的损失和由客观原因造成的各种损失量不包括各种气体能源放空、放散量。用于衡量能源在输送、分配、储存过程中的损失情况，帮助组织加强能源管理，减少能源损失。

能源利用效率指标：指能源使用过程中有效能量与实际输入能量的比值，如单位产品能耗、单位产值能耗、能源加工转换效率等。用于衡量能源使用的效率，帮助组织提高能源利用效率，降低能源成本。

可再生能源和新能源指标：指太阳能、地热能、风能、海洋能、生物质能和核聚变能等总体数量特征，包括可再生能源和新能源的发电量、消费量、占比等，用于衡量可再生能源和新能源的发展情况，帮助组织优化能源结构，促进可持续发展。

b. 能源效率

能源效率是指在能源利用过程中，有效利用能源与总消耗的能源的比率（即输出的能量与输入的能量之比）。它是衡量能源利用水平的重要标准，反映了能源利用的物理和经济效率，以及能源利用的技术和管理水平。

能源效率关注能源的物理形态和能量的转化效率，还涉及能源从一种形态转变为另一种形态的过程中的投入与产出之比。

能源效率的评价指标有三种。

1）单位产值能耗：表示单位产值所消耗的能源量，是衡量能源利用经济效率的重要指标。

2）物理能源效率：如热效率、电机效率等，表示能源在物理形态转变过程中的转化效率。

3）综合能源效率指标：如能效指标、能源强度等，综合考虑了能源利用的经济性、技术性和管理性。

c. 能源使用

能源使用是指人类在生产、生活和社会活动中对能源资源的消耗和利用。它涵盖了从原始能源的开采、加工、转换到最终消费的全过程。

矿山的能源使用主要在下面三个方面。

1）工业能源使用：工业生产过程中消耗的能源，包括电力、热力、燃料等。

2）交通能源使用：交通运输过程中消耗的能源，包括汽油、柴油、天然气等燃料，以及电力等。

3）建筑能源使用：建筑物在供暖、制冷、照明、炊事等方面消耗的能源。

d. 能源消耗

能源消耗通常指的是在生产、生活及社会活动中，各种能源资源被转化或消耗以提供所需能量或完成特定功能的过程。这个过程涉及将原始能源（如煤炭、石油、天然气、水能、风能、太阳能等）转化为电力、热能、机械能或其他形式的能量，以满足人类社会的各种需求。能源消耗可以通过具体的计量单位进行衡量。

（3）能源管理

能源管理是指对能源的生产、分配、转换和消耗的全过程进行科学的计划、组织、检查、控制和监督工作的总称。它涵盖了能源的获取、转化、利用和消耗等各个环节，旨在通过科学合理的手段和方法，提高能源利用效率，减少能源消耗，实现可持续发展。

A. 能源管理的主要内容及重要性

具体来说，能源管理包括制定正确的能源开发政策和节能政策，不断完善能源规划、能源法规，以及能源控制系统；加强能源设备管理，及时对设备进行技术改造和更新；实行能源定额管理，计算出能源的有效消耗及工艺性损耗的指标，并通过经济责任制度和奖惩制度把能源消耗定额落实到各个层级；定期检查耗能大的重点企业、重点项目和重点设备，对能源有效利用程度进行技术分析；建立健全能源管理制度，形成专业管理与群众管理相结合的能源管理网络；教育职工树立节能意识，并不断加强对能源消耗的计量监督、标准监督和统计监督。

系统能源管理通过全面的能源数据采集、监测和分析，能够准确掌握企业的能源使用状况。通过对能源数据的深入分析，可以发现能源浪费的环节和潜在的节能机会，从而制定针对性的节能措施。

B. 降低能源成本

提高能源利用效率。通过采用先进的节能技术和设备，优化能源使用方式，如高效电机、节能灯具等，降低单位产品的能源消耗。实施峰谷电价利用、错峰用电等能源管理策略，减少高峰时段的能源使用，降低电费支出。

减少能源浪费。定期对能源使用情况进行审计和监测，识别并修复能源浪费的环节，如管道泄漏、设备空转等。

C. 减少温室气体排放

优化能源结构。增加太阳能、风能、水能等可再生能源比例，降低温室气体排放。通过提高能源利用效率、采用替代能源等方式，降低对煤炭、石油、天然气等化石能源的依赖。

实施碳减排措施。对企业的生产、运输、使用等环节的碳排放进行监测和管理，制订碳减排目标和计划。采用碳捕捉与封存（CCS）、碳交易等低碳技术，降低企业的碳排放强度。

D. 减少对环境的影响

减少污染物排放。通过改进燃烧技术、使用清洁燃料等方式控制燃烧过程，减少烟尘、二氧化硫、氮氧化物等污染物的排放。

保护生态环境。通过提高能源利用效率、采用循环经济模式等方式合理利用资源，减少资源消耗和废弃物产生。对受到破坏的生态环境进行修复和保护，维护生态平衡和生物多样性。

7.2.2 应开展综合能耗测算，计算范围、计算方法，以及折算为标准煤的要求按照 GB/T 2589 的规定执行。单位产品综合能耗符合相应的能耗限额要求

［解析］本条要求矿山企业开展综合能耗测算工作。

（1）相关标准

1）《综合能耗计算通则》（GB/T 2589—2020）规定了综合能耗计算原则、边界划分、计算范围、计算方法及折算为标准煤的要求。适用于用能单位（含次级用能单位或其组成部分）的能源消耗指标的计算。

2）《热学的量和单位》（GB/T 3102.4）规定了热学中常见的量和单位的名称、符号及换算因数。适用于所有科学技术领域，对于促进科学技术领域内的交流和合作具有重要意义。

3）《企业能量平衡通则》(GB/T 3484）规定了企业能耗平衡的原则。

4）《企业能量平衡网络图绘制方法》(GB/T 28749）规定了企业能量平衡网络图的绘制原则和方法，并给出了绘制样式。适用于企业绘制能量平衡网络图，其他用能单位能量平衡网络图的绘制可参照使用。

5）《企业能量平衡表编制方法》(GB/T 28751）规定了企业能量平衡表的编制原则和方法，并给出了表格样式。适用于企业用能过程的描述、能量分析和能量平衡表的编制，其他用能单位能量平衡表的编制可参照使用。

（2）综合能耗计算

综合能耗是指在统计报告期内，生产某种产品或提供某种服务实际消耗的各种能源实物量，按规定的计算方法和单位分别折算后的总和。

A. 综合能耗计算原则

1）分子与分母的对应关系原则：在计算单位产品能耗时，分子项是生产某种产品的能源消耗总量，分母是这种产品的产量。两者的统计口径必须一致，即能源消耗总量必须是生产产品所耗用的能源。

2）合理分摊原则：当使用同一种能源生产多种产品时，在计算某一产品能耗时，应按一定比例合理分摊计算。对于生产多种产品的企业，辅助生产系统和附属生产系统所消耗的能源，应根据各个产品的能耗状况进行有根据的合理分摊计算。

3）外购耗能工质处理原则：外购的耗能工质，如水、压缩空气、氧气等是否计入单位产品产量综合能耗中，可根据各行业的生产特点及考核能耗经济效益的需要自行规定。

4）二次能源处理原则：有自备电厂和其他能源加工转换分厂或车间的企业在计算综合能耗时应扣除自产自用的二次能源重复计算部分。

5）标准燃料基准原则：计算综合能耗时统一以标准燃料（如标准煤）作为计算的基准。这便于将不同种类的能源消耗量转换为同一基准进行比较和分析。

B. 综合能耗计算的边界划分

综合能耗计算的边界划分是指确定在计算综合能耗时，所包括的能源使用范围或区域。这对于准确计算和分析用能单位的能源消耗至关重要。

边界划分的具体形式如图 7.1 所示。

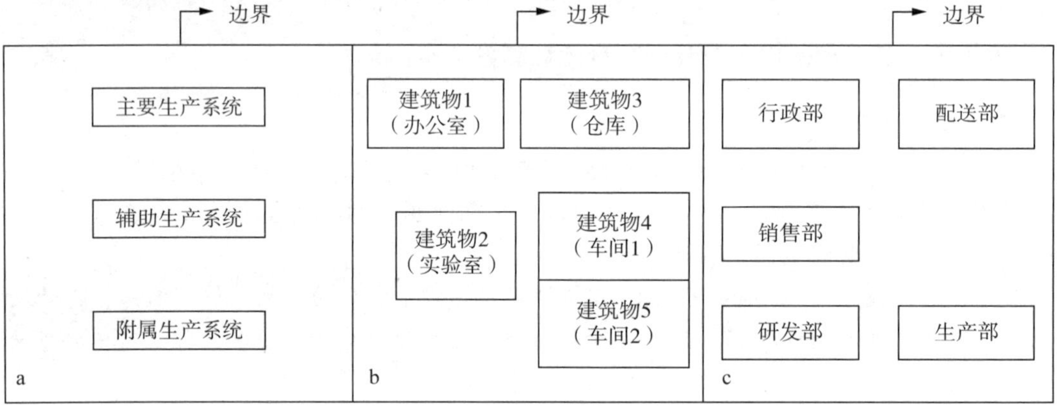

图 7.1 边界划分图

a— 生产系统边界；b— 地理位置边界；c— 组织机构隶属关系边界

1）基于生产系统划分：边界内包括主要生产系统、辅助生产系统和附属生产系统。例如，一个工厂可以将其生产系统划分为主要生产系统（如生产线）、辅助生产系统（如动力、供电、供水等）和附属生产系统（如行政、后勤等）。

2）基于地理位置划分：边界内包括该地理位置所有建筑物内的用能系统、设施和设备。例如，一个工业园区可以将其内的所有工厂、办公楼、宿舍楼等建筑物的能源消耗都纳入计算范围。

3）根据组织机构隶属关系划分：边界内包括所有组织机构隶属部门内的用能系统、设施和设备。例如，一个大型企业集团可以将其下属的各个子公司、分公司的能源消耗都纳入计算范围。

C. 综合能耗计算的范围

综合能耗的计算范围涵盖了实际消耗的各种能源类型及其相关因素。具体包括：

1）一次能源和二次能源：如煤炭、石油、天然气、电力、蒸汽等，这些能源在生产和服务活动中被实际消耗，均应纳入计算范围。

2）耗能工质：如新水、软化水、压缩空气、氧气、氮气等，它们虽然不属于通常所指的能源之列，但在生产过程中消耗了能源，因此其消耗的能源也应纳入计算范围。

3）能源及耗能工质在用能单位内部的损耗：如储存、转换及分配供应过程中的损耗，也应计入综合能耗。

D. 综合能耗的计算方法

a. 消费电量法

适用对象：电力设备或电器。

计算方法：通过监测设备的电表读数，记录并计算相应时间段内的电量，再乘以电价（虽然电价不是计算综合能耗的直接因素，但可用于评估电费成本）。综合能耗的计算主要关注电量，即电功率（W）与通电运行时间（H）的乘积：$Q=W\times H$。

b. 能源转换法

适用对象：使用不同能源的设备，如燃气热水器。

计算方法：根据能源的转换效率来计算综合能耗。例如，将天然气的能量转化为热能的效率为 0.9，则消耗 1 MMBTU（百万英热单位）的天然气可以产生 0.9 MMBTU 的热能。综合能耗等于实际消耗的能源量乘以相应的能源折算系数。

c. 系统计算法

适用对象：建筑物等大型系统。

计算方法：通过整体的能耗监测和分析来计算综合能耗。例如，建筑物能耗管理系统可以收集整个建筑物的用能数据，包括电力、燃气、蒸汽等各种能源的使用情况，然后通过复杂的算法来计算综合能耗。这种方法通常需要借助能耗模拟软件或专业的能耗管理系统。

d. 标准煤换算法

适用对象：企业、工厂等用能单位。

计算方法：将实际消耗的各种能源实物量按照其能源折算值（如标准煤折算系数）进行换算，然后求和得到综合能耗。具体公式为：$E=\sum(e_i\times p_i)$，其中 E 为综合能耗，e_i 为实际消耗的第 i 种能源实物量，p_i 为第 i 种能源的折算系数（如标准煤折算系数）。

E. 综合能耗折算为标准煤的要求

a. 折算系数

计算综合能耗时，各种能源应折算为标准煤。折算系数应根据实际能源的低位发热量确定。例如，按照 GB/T 3102.4 国际蒸汽表卡换算，低位发热量等于 29307.6kJ 的燃料，称为 1kg 标准煤（1kgce）。

对于无法直接获得实测低位发热量的能源，其折算系数可参照国家统计局公布的数据或相关标准附录。

b. 折算方法

实际消耗的燃料能源应以其收到基低位发热量为计算依据折算为标准煤量。

能源的低位发热量和耗能工质耗能量，应按实测值或供应单位提供的数据折标准煤。无法获得实测值的，其折标准煤系数可参照国家统计局公布的数据或相关标准附录。

c. 自产能源处理

用能单位自产的二次能源，其折标准煤系数应根据实际投入产出计算确定。

（3）单位产品能耗限额

单位产品能耗是指单位产品产量或单位产品产值所消耗的某种能源量。通过单位产品能耗比较，可以找出能源管理的差距，查明原因，分析潜力，明确方向，提出对策。

单位产品能耗统计指标是反映平均完成单位产品（工作量）所消耗的能源量，简单地说，就是能源消耗量与产品产量（工作量）的比值，或者说是产品（工作量）与能源消耗的一种数量关系，根据这种数量关系，可以了解各种产品的能耗水平，也可以估算某种产品数量需要多少能源。

A. 煤炭

a. 现有煤炭开采单位产品能耗限额

现有煤炭井工开采单位产品能耗限额应符合《煤炭井工开采单位产品能源消耗限额》（GB 29444）中 4.1 的要求：电力折合标准煤系数采用当量值时，现有煤炭井工开采企业单位产品能耗限定值应不大于 11.8kgce/t。

现有煤炭露天开采单位产品能耗限额应符合《煤炭露天开采单位产品能源消耗限额》（GB 29445）中 4.1 的要求：电力折合标准煤系数采用当量值时，现有煤炭露天开采企业单位产品能耗限定值应不大于 8.2kgce/t。

b. 新建煤炭开采单位产品能耗准入值

1）新建煤炭井工开采单位产品能耗准入值应符合《煤炭井工开采单位产品能源消耗限额》（GB 29444—2012）中 4.2 的要求：电力折合标准煤系数采用当量值时，新建煤炭井工开采企业单位产品能耗准入值应不大于 7.0kgce/t。

2）新建煤炭露天开采单位产品能耗准入值应符合《煤炭露天开采单位产品能源消耗限额》（GB 29445）中 4.2 的要求：电力折合标准煤系数采用当量值时，新建煤炭露天开采企业单位产品能耗准入值应不大于 6.5kgce/t。

c. 煤炭开采单位产品能耗先进值

1）煤炭井工开采单位产品能耗先进值应符合《煤炭井工开采单位产品能源消耗限额》（GB 29444）中 4.3 的要求：电力折合标准煤系数采用当量值时，煤炭井工开采企业应通过节能技术改造和加强节能管理，单位产品能耗先进值应不大于 3.0kgce/t。

2）煤炭露天开采单位产品能耗先进值应符合《煤炭露天开采单位产品能源消耗限额》（GB 29445）中 4.3 的要求：电力折合标准煤系数采用当量值时，煤炭露天开采企业应通过节能技术改造和加强节能管理，单位产品能耗先进值应不大于 5.0kgce/t。

B. 金矿

金矿开采单位产品能源消耗限额应符合《金矿开采单位产品能源消耗限额》（GB 32032）、金矿选冶单位产品能源消耗限额要符合《金矿选冶单位产品能源消耗限额》（GB 32033）规定的准入值。

C. 铁矿

a. 铁矿采矿单位产品能耗限定值

铁矿采矿单位产品能耗限定值见表 7.1。

表 7.1 铁矿采矿单位产品能耗限定值一览表

开采方式	开采类型	矿山规模	单位产品可比综合能耗 / ($kgce \cdot t^{-1}$)
露天开采	现有矿山	中型以上（含中型）	≤ 0.80
		小型	≤ 1.04
	新建、改扩建矿山	中型以上（含中型）	≤ 0.49
		小型	≤ 0.64
地下开采	现有矿山	中型以上（含中型）	≤ 3.60
		小型	≤ 4.68
	新建、改扩建矿山	中型以上（含中型）	≤ 2.60
		小型	≤ 3.38

b. 铁矿选矿单位产品能耗限定值

铁矿选矿单位产品能耗限定值见表 7.2。

表 7.2 铁矿选矿单位产品能耗限定值一览表

开采方式	选矿工艺类型		单位产品可比综合能耗 / ($kgce \cdot t^{-1}$)
现有矿山	弱磁选		≤ 4.1
	联合选别		≤ 5.7
	焙烧选别	竖炉	≤ 48.5
		回转窑	≤ 54.3
新建、改扩建矿山	弱磁选		≤ 3.3
	联合选别		≤ 4.2
	焙烧选别	竖炉	≤ 45.6
		回转窑	≤ 51.8

随着铁矿品位的降低，选矿难度的增加，表 7.2 的数据可能逐渐不适应行业发展需要，此处仅供参考。

D. 有色金属矿

a. 采矿综合能耗指标要求

露天开采基准（可比）综合能耗指标 $P_{0露天}$见表 7.3。

表 7.3　露天开采基准（可比）综合能耗指标 $P_{0露天}$ 一览表

设计规模	$P_{0露天}$/[kgce/t 矿（kW·h/t 矿）]		
	一级	二级	三级
大型	0.95（7.73）	1.05（8.54）	1.15（9.36）
中型	1.25（10.17）	1.35（10.98）	1.50（12.21）
小型	1.63（13.26）	1.75（14.24）	1.95（15.87）

地下开采基准（可比）综合能耗指标 $P_{0地下}$ 见表 7.4。

表 7.4　地下开采基准（可比）综合能耗指标 $P_{0地下}$ 一览表

设计规模	$P_{0地下}$/[kgce/t 矿（kW·h/t 矿）]		
	一级	二级	三级
大型	1.84（15）	2.21（18）	2.70（22）
中型	2.21（18）	2.70（22）	3.20（26）
小型	2.70（22）	3.20（26）	3.81（31）

b. 选矿厂工艺综合能耗指标

选矿厂工艺综合能耗指标见表 7.5。

表 7.5　选矿厂工艺综合能耗指标一览表

金属种类	矿石类型	选矿工艺综合能耗（kW·h/t 原矿）		
		一级	二级	三级
铜	硫化矿	≤ 22	> 22，≤ 27	> 27，≤ 34
	混合矿 氧化矿	≤ 26	> 26，≤ 32	> 32，≤ 41
钼	硫化矿	≤ 20	> 20，≤ 25	> 25，≤ 31
镍	硫化矿	≤ 42	> 42，≤ 48	> 48，≤ 55
铅锌	硫化矿	≤ 29	> 29，≤ 37	> 37，≤ 46
	混合矿 氧化矿	≤ 35	> 35，≤ 44	> 44，≤ 55
锑	硫化矿	≤ 17	> 17，≤ 21	> 21，≤ 26
汞	辰砂矿	≤ 26	> 26，≤ 31	> 31，≤ 37
钨	黑钨矿	≤ 8	> 8，≤ 11	> 11，≤ 15
	白钨矿 混合矿	≤ 23	> 23，≤ 30	> 30，≤ 39
锡	硫化矿	≤ 38	> 38，≤ 48	> 48，≤ 60
	氧化矿	≤ 24	> 24，≤ 30	> 30，≤ 38
	砂矿	≤ 13	> 13，≤ 16	> 16，≤ 20

注：选矿工艺综合能耗包括破碎筛分、磨矿、选别、精矿脱水等生产工艺，不包括尾矿、供水、供热等辅助工序能耗。

7.3 减碳

落实减碳政策要求，应对矿区范围内的温室气体排放量进行核算和报告，并按照要求采取管控措施，核算方法按照 GB/T 32150 的规定执行。

［解析］**本条要求矿山积极响应和落实减碳政策，开展温室气体排放核算工作。**

（1）相关标准、政策

1）《工业企业温室气体排放核算和报告通则》（GB/T 32150）规定了工业企业温室气体排放核算与报告的基本原则、工作流程、核算边界、核算步骤与方法、质量保证、报告内容 6 项重要内容。适用于指导行业温室气体排放核算方法与报告要求标准的编制，为各行业制定具体的温室气体排放核算和报告标准提供了参考框架。

2）《温室气体排放核算与报告要求》（GB/T 32151）规定了发电企业、电网企业、镁冶炼企业、铝冶炼企业、钢铁生产企业、民航企业、平板玻璃生产企业、水泥生产企业、陶瓷生产企业、化工生产企业等温室气体排放量的核算和报告相关的术语、核算边界、计算步骤与核算方法、数据质量管理、报告内容和格式等内容。矿山企业的温室气体排放核算可参照本标准执行。

3）《国务院办公厅关于印发〈加快构建碳排放双控制度体系工作方案〉的通知》（国办发〔2024〕39 号）要求建立能耗双控向碳排放双控全面转型新机制，加快构建碳排放总量和强度双控（简称碳排放双控）制度体系，积极稳妥推进碳达峰碳中和、加快发展方式绿色转型，制定本工作方案。到 2025 年，碳排放统计核算体系进一步完善，一批行业企业碳排放核算相关标准和产品碳足迹标准出台实施，国家温室气体排放因子数据库基本建成并定期更新，相关计量、统计、监测能力得到提升，为“十五五”时期在全国范围实施碳排放双控奠定基础。

4）《2024—2025 年节能降碳行动方案》是国务院于 2024 年 5 月 23 日以国发〔2024〕12 号文件形式发布的。它明确了 2024—2025 年节能降碳的具体目标和行动路径，提出 2024 年单位国内生产总值能源消耗和二氧化碳排放分别降低 2.5% 左右、3.9% 左右，规模以上工业单位增加值能源消耗降低 3.5% 左右，非化石能源消费占比达到 18.9% 左右。2025 年非化石能源消费占比达到 20% 左右，尽最大努力完成“十四五”节能降碳约束性指标。部署了节能降碳十大行动，包括化石能源消费减量替代行动、非化石能源消费提升行动、交通运输节能降碳行动等。

5）《2030 年前碳达峰行动方案》（国发〔2021〕23 号）是国务院于 2021 年 10 月 24 日发布的。它明确了推进能源绿色低碳转型、节能降碳增效等行动方向。提出到 2030 年，非化石能源消费比重达到 25% 左右，单位国内生产总值二氧化碳排放比 2005 年下降 65% 以上等目标。

6）《关于完整准确全面贯彻新发展理念做好碳达峰碳中和工作的意见》是由中共中央和国务院于 2021 年 9 月 22 日联合发布。它强调构建清洁低碳安全高效的能源体系，严格控制化石能源消费，提高非化石能源消费比重。提出加强煤炭清洁高效利用，大力发展可再生能源，加快构建以新能源为主体的新型电力系统等要求。

7)《加快构建碳排放双控制度体系工作方案》是国务院于 2024 年 7 月 30 日以国办发〔2024〕39 号文件形式发布的。要求建立能耗双控向碳排放双控全面转型新机制，加快构建碳排放总量和强度双控制度体系，以积极稳妥推进碳达峰碳中和、加快发展方式绿色转型。

(2) 温室气体排放量核算

温室气体排放量核算是指按照科学方法和标准，对特定区域（如国家、省份、城市、企业等）或个人在生产、运营过程中产生的温室气体排放量进行计量、统计和分析的过程。温室气体主要包括二氧化碳（CO_2）、甲烷（CH_4）、氧化亚氮（N_2O）、氢氟碳化物（HFCs）、全氟化碳（PFCs）、六氟化硫（SF_6）和三氟化氮（NF_3）等。

由于不同气体对温室效应的影响程度有所不同，为了统一衡量不同气体对环境的影响，引入了二氧化碳当量（CO_2e）这一概念。二氧化碳当量基于全球变暖潜能值（GWP），将不同温室气体对温室效应的贡献转化为与二氧化碳等效的排放量，如表 7.6 所示。

表 7.6　温室气体的全球变暖潜能值（GWP）一览表

温室气体	GWP	温室气体	GWP
二氧化碳（CO_2）	1	氢氟碳化物（HFCs）	124 ~ 14800
甲烷（CH_4）	25	全氟化碳（PFCs）	7390 ~ 17700
氧化亚氮（N_2O）	298	六氟化硫（SF_6）	22800

A. 排放因子法

温室气体排放量 = 活动数据（如燃料消耗量）× 排放因子（如单位燃料燃烧的二氧化碳排放量）。

适用于宏观核算层面，通过收集活动数据和排放因子，进行简单的乘法运算即可获得排放量。

B. 质量平衡法

通过计算新化学物质和设备消耗的新化学物质份额来核算碳排放。适用于工业生产等非化石燃料燃烧过程。

C. 实测法

基于排放源的实测基础数据汇总碳排放量。包括现场测量和非现场测量两种方式，能够提供更准确的数据，但成本较高。

温室气体排放量核算对于制定减排政策、评估碳排放强度、促进碳交易市场发展等方面具有重要意义。它有助于组织或国家了解自己的碳排放情况，制定减排措施，应对监管政策压力，提升竞争力，并为实现碳中和目标提供数据支持。

在国际上，温室气体排放量核算通常遵循国际标准化组织（ISO）制定的相关标准，如 ISO 14064 系列标准，以及世界资源研究所（WRI）与世界可持续发展工商理事会

（WBCSD）联合发布的《温室气体议定书》等。这些标准为温室气体排放量核算提供了统一的方法和标准，有助于实现全球范围内温室气体排放量核算的一致性和可比性。

（3）温室气体排放核算和报告的工作流程

开展温室气体排放核算和报告的工作流程分为确定温室气体排放核算边界、进行温室气体排放核算、核算工作质量保证、撰写温室气体排放报告四大步骤，根据开展核算和报告工作的目的，确定温室气体排放核算边界，进行温室气体排放核算，具体内容如下：

1）识别温室气体源与温室气体种类。

2）选择核算方法。

3）选择与收集温室气体活动数据。

4）选择或测算排放因子。

5）计算与汇总温室气体排放量。

6）核算工作质量保证。

7）撰写温室气体排放报告。

工作流程如图 7.2 所示。

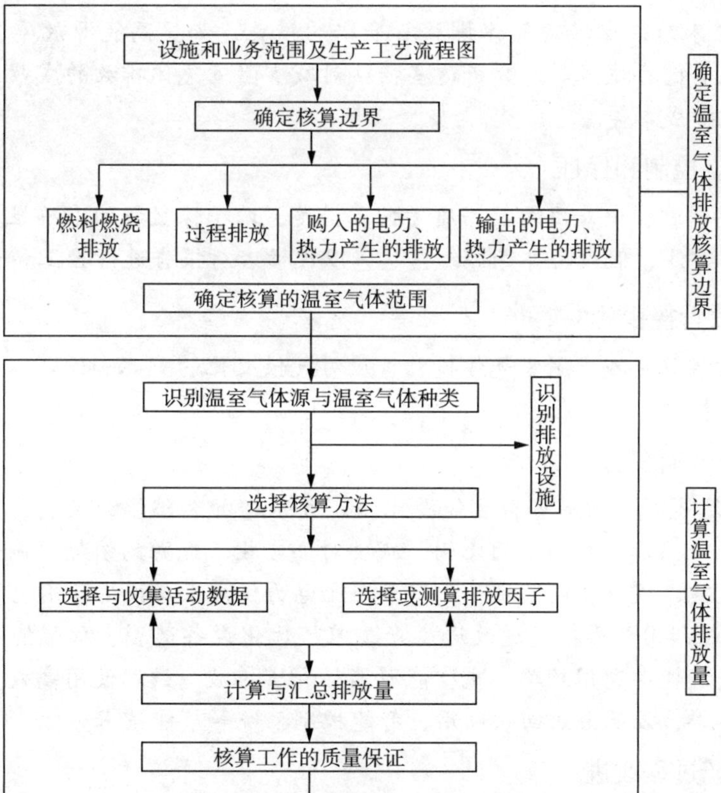

图 7.2　温室气体排放核算工作流程图

（4）温室气体排放报告

温室气体排放报告是一份详细记录特定主体（如企业、组织、城市或国家）在一定时间范围内产生的温室气体排放量的文件。这份报告旨在全面、准确地反映该主体对气候变化的影响，以及其在减少温室气体排放方面所采取的措施和取得的成效。

具体来说，温室气体排放报告通常包含以下内容。

A. 基本信息

包含报告主体的名称、性质、所属行业、报告年份等基本信息，以及报告编制的目的、范围和方法，遵循的相关标准和指南。

B. 温室气体排放情况

详细列出报告主体在报告期内产生的各类温室气体的排放量，如二氧化碳、甲烷、氧化亚氮等。

对排放源进行分类，如化石燃料燃烧、工业生产过程、电力和热力消费等，并给出各类排放源的排放量。

C. 减排措施和成效

描述报告主体为减少温室气体排放所采取的措施，如提高能源效率、使用可再生能源、实施碳捕捉和储存技术等。分析这些措施对减少温室气体排放的成效，包括减少的排放量、节省的能源成本等。

D. 数据质量控制和保证

说明报告编制过程中采用的数据质量控制措施，以确保数据的准确性和可靠性。提供数据来源、计算方法、假设条件等详细信息，以便读者对报告进行验证和审核。

（5）碳排放管控措施

碳排放管控措施是减少温室气体排放、应对气候变化的重要手段。以下是矿山企业常见的碳排放管控措施。

A. 能源结构调整与优化

1）推广清洁能源：增加可再生能源比例。逐步增加太阳能、风能、水能、生物质能等可再生能源在能源消费结构中的比例，减少对高碳化石能源的依赖。例如，投资建设太阳能光伏发电设施、风力发电项目等，用于企业电力供应或居民生活用电。

2）提高能源利用效率：通过改进生产工艺、优化设备选型、加强能源管理等方式实施节能措施，提高能源利用效率，减少能源消耗和碳排放。鼓励使用高效节能的电机、变压器、照明设备等，以及余热回收利用、智能控制系统等节能技术。

B. 工业生产过程改进

1）改进生产工艺：研发和应用低碳、环保的生产技术，提高生产效率，减少能源消耗和碳排放。通过优化生产流程、减少物料运输和储存过程中的能耗和碳排放，实现节能减排。

2）实施碳捕获与封存（CCS）技术：对于一些难以直接减少碳排放的生产环节，可以采用碳捕获与封存技术，将二氧化碳从排放源中捕获并储存起来，以减少大气中的碳排放。

C. 交通与运输优化

1）鼓励使用电动汽车、氢能汽车等新能源汽车，减少传统燃油汽车的尾气排放。

2）优先选择铁路、水路等低碳运输方式替代公路运输，减少运输过程中的碳排放。

3）通过合理规划运输路线、提高车辆装载率、减少运输里程与空驶率等方式，提高运输效率，降低碳排放。

D. 建筑与矿区规划

1）通过改进建筑设计、采用高效节能的建筑材料和设备等方式，提高建筑的能源利用效率，减少能源消耗和碳排放。

2）鼓励使用低碳、环保的建筑材料，如再生材料、绿色混凝土等。

E. 合理利用土地资源

及时修复采矿损毁的土地，加强矿区及周边森林和湿地的保护与管理，发挥其碳汇功能，吸收和储存大气中的二氧化碳。

7.4　源头预防

7.4.1　矿区及周边地下水具备使用功能的，其环境状况应达到相关功能限值要求，存在人为因素导致地下水不满足相关功能要求时，应按照 HJ 25.6 的要求开展地下水污染风险管控修复

［解析］本条是对矿山企业地下水保护方面的要求。

（1）相关的标准

1）《地下水质量标准》（GB/T 14848）规定了地下水的质量分类，地下水质量监测、评价方法和地下水质量保护。

2）《污染地块地下水修复和风险管控技术导则》（HJ 25.6）规定了污染地块地下水修复和风险管控的基本原则、工作程序和技术要求，适用于污染地块地下水修复和风险管控的技术方案制定、工程设计及施工、工程运行及监测、效果评估和后期环境监管，以及污染地块土壤修复技术方案制定。

3）《生活饮用水卫生标准》（GB 5749）规定了生活饮用水水质要求、生活饮用水水源水质要求、集中式供水单位卫生要求、二次供水卫生要求、涉及饮用水卫生安全的产品卫生要求、水质检验方法。适用于各类生活饮用水。

（2）地下水质量分类及指标

《地下水质量标准》（GB/T 14848）明确规定，地下水质量是地下水的物理、化学和生物性质的总称。

A. 地下水质量分类

Ⅰ类：地下水化学组分含量低，适用于各种用途。

Ⅱ类：地下水化学组分含量较低，适用于各种用途。

Ⅲ类：地下水化学组分含量中等，以《生活饮用水卫生标准》（GB 5749）为依据，主要适用于集中式生活饮用水水源及工农业用水。

Ⅳ类：地下水化学组分含量较高，以农业和工业用水质量要求及一定水平的人体健康风险为依据，适用于农业和部分工业用水，适当处理后可作为生活饮用水。

Ⅴ类，地下水化学组分含量高，不宜作为生活饮用水水源，其他用水可根据使用目的选用。

Ⅰ、Ⅱ、Ⅲ类地下水化学组分含量低，可以作为饮用水；Ⅳ类水在一定水平上产生人体健康风险；Ⅴ类水不宜作为生活饮用水。各类水有相应的化学含量限值，如溶解性总固体Ⅰ类水小于或等于300mg/L，Ⅱ类水小于或等于500mg/L，大于300mg/L，Ⅲ类水小于或等于1000mg/L，大于500mg/L；Ⅳ类水小于或等于2000mg/L，大于1000mg/L；Ⅴ类水大于2000mg/L。

B. 地下水质量指标

确定地下水好与坏有93项指标，其中，“常规指标”39项、“非常规指标”54项。常规指标包括感官性状和一般化学指标、微生物指标、常见毒理学指标❶和放射性指标；非常规指标是在常规指标上的拓展，是根据地区和时间差异或特殊情况确定的地下水质量指标，反映地下水产生的主要质量问题。

地下水质量指标的常规指标和非常规指标分类及限值分别见表7.7和表7.8。

表7.7　地下水质量常规指标及限值一览表

序号	指标	Ⅰ类	Ⅱ类	Ⅲ类	Ⅳ类	Ⅴ类
感官性状及一般化学指标						
1	色（铂钴色度单位）	≤ 5	≤ 5	≤ 15	≤ 25	> 25
2	嗅和味	无	无	无	无	有
3	浑浊度/NTU[a]	≤ 3	≤ 3	≤ 3	≤ 10	> 10
4	肉眼可见物	无	无	无	无	有
5	pH	6.5 ≤ pH ≤ 8.5			5.5 ≤ pH < 6.5 8.5 < pH ≤ 9.0	pH < 5.5 或 pH > 9.0
6	总硬度（以 $CaCO_3$ 计）/（$mg \cdot L^{-1}$）	≤ 150	≤ 300	≤ 450	≤ 650	> 650
7	溶解性总固体/（$mg \cdot L^{-1}$）	≤ 300	≤ 500	≤ 1000	≤ 2000	> 2000
8	硫酸盐/（$mg \cdot L^{-1}$）	≤ 50	≤ 150	≤ 250	≤ 350	> 350
9	氯化物/（$mg \cdot L^{-1}$）	≤ 50	≤ 150	≤ 250	≤ 350	> 350

❶ 毒理学指标是表征一种化学品引起动物或人体产生特定毒效应（如死亡、生理机能异常等）的剂量水平或浓度水平的参数。这些指标在评估化学品的毒性、制定安全标准、预防环境污染和职业病等方面具有重要意义。

续表

序号	指标	Ⅰ类	Ⅱ类	Ⅲ类	Ⅳ类	Ⅴ类
10	铁 /（mg/ · L^{-1}）	≤ 0.1	≤ 0.2	≤ 0.3	≤ 2.0	＞ 2.0
11	锰 /（mg · L^{-1}）	≤ 0.05	≤ 0.05	≤ 0.1	≤ 1.50	＞ 1.50
12	铜 /（mg · L^{-1}）	≤ 0.01	≤ 0.05	≤ 1.00	≤ 1.50	＞ 1.50
13	锌 /（mg · L^{-1}）	≤ 0.05	≤ 0.5	≤ 1.00	≤ 5.00	＞ 5.00
14	铝 /（mg · L^{-1}）	≤ 0.01	≤ 0.05	≤ 0.20	≤ 0.50	＞ 0.50
15	挥发性酚类（以苯酚计）/（mg · L^{-1}）	≤ 0.001	≤ 0.001	≤ 0.002	≤ 0.01	＞ 0.01
16	阴离子表面活性剂 /（mg · L^{-1}）	不得检出	≤ 0.1	≤ 0.3	≤ 0.3	＞ 0.3
17	耗氧量（COD_{Mn} 法，以 O_2 计）/（mg · L^{-1}）	≤ 1.0	≤ 2.0	≤ 3.0	≤ 10.0	＞ 10.0
18	氨氮（以 N 计）/（mg · L^{-1}）	≤ 0.02	≤ 0.1	≤ 0.5	≤ 1.5	＞ 1.50
19	硫化物 /（mg · L^{-1}）	≤ 0.005	≤ 0.01	≤ 0.02	≤ 0.1	＞ 0.10
20	钠 /（mg · L^{-1}）	≤ 100	≤ 150	≤ 200	≤ 400	＞ 400
	微生物指标					
21	总大肠菌群 /MPN[b] ·（100mL）$^{-1}$ 或 CFU[c] ·（100mL）$^{-1}$	≤ 3.0	≤ 3.0	≤ 3.0	≤ 100	＞ 100
22	菌落总数 /（CFU · mL^{-1}）	≤ 100	≤ 100	≤ 100	≤ 1000	＞ 1000
	毒理学指标					
23	亚硝酸盐（以 N 计）/（mg · L^{-1}）	≤ 0.01	≤ 0.10	≤ 1.00	≤ 4.80	＞ 4.80
24	硝酸盐（以 N 计）/（mg · L^{-1}）	≤ 2.0	≤ 5.0	≤ 20.0	≤ 30.0	＞ 30.0
25	氰化物 /（mg · L^{-1}）	≤ 0.001	≤ 0.01	≤ 0.05	≤ 0.1	＞ 0.1
26	氟化物 /（mg · L^{-1}）	≤ 1.0	≤ 1.0	≤ 1.0	≤ 2.0	＞ 2.0
27	碘化物 /（mg · L^{-1}）	≤ 0.04	≤ 0.04	≤ 0.08	≤ 0.5	＞ 0.50
28	汞 /（mg · L^{-1}）	≤ 0.0001	≤ 0.0001	≤ 0.001	≤ 0.002	＞ 0.002
29	砷 /mg · L^{-1}	≤ 0.001	≤ 0.001	≤ 0.01	≤ 0.05	＞ 0.05
30	硒 /（mg · L^{-1}）	≤ 0.01	≤ 0.01	≤ 0.01	≤ 0.1	＞ 0.1
31	镉 /（mg · L^{-1}）	≤ 0.0001	≤ 0.001	≤ 0.005	≤ 0.01	＞ 0.01
32	铬（六价）/（mg · L^{-1}）	≤ 0.005	≤ 0.01	≤ 0.05	≤ 0.1	＞ 0.10
33	铅 /（mg · L^{-1}）	≤ 0.005	≤ 0.005	≤ 0.01	≤ 0.10	＞ 0.10
34	三氯甲烷 /（μg · L^{-1}）	≤ 0.5	≤ 6	≤ 60	≤ 300	＞ 300
35	四氯化碳 /（μg · L^{-1}）	≤ 0.5	≤ 0.5	≤ 2.0	≤ 50.0	＞ 50.0
36	苯 /（μg · L^{-1}）	≤ 0.5	≤ 1.0	≤ 10.0	≤ 120	＞ 120
37	甲苯 /（μg · L^{-1}）	≤ 0.5	≤ 140	≤ 700	≤ 1400	＞ 1400
	放射性指标[d]					
38	总 α 放射性 /（Bq · L^{-1}）	≤ 0.1	≤ 0.1	≤ 0.5	＞ 0.5	＞ 0.5
39	总 β 放射性 /（Bq · L^{-1}）	≤ 0.1	≤ 1.0	≤ 1.0	＞ 1.0	＞ 1.0

注：NTU[a] 为散射浊度单位；MPN[b] 表示最可能数；CFU[c] 表示菌落形成单位；放射性指标[d] 超过指导值，应进行核素分析和评价。

表 7.8　地下水质量非常规指标及限值一览表

序号	指标	Ⅰ类	Ⅱ类	Ⅲ类	Ⅳ类	Ⅴ类
毒理学指标						
1	铍 / (mg · L^{-1})	≤ 0.0001	≤ 0.0001	≤ 0.002	≤ 0.06	> 0.06
2	硼 / (mg · L^{-1})	≤ 0.02	≤ 0.10	≤ 0.50	≤ 2.00	> 2.00
3	锑 /mg · L^{-1}	≤ 0.0001	≤ 0.0005	≤ 0.005	≤ 0.01	> 0.01
4	钡 / (mg · L^{-1})	≤ 0.01	≤ 0.10	≤ 0.70	≤ 4.00	> 4.00
5	镍 / (mg · L^{-1})	≤ 0.002	≤ 0.002	≤ 0.02	≤ 0.10	> 0.10
6	钴 / (mg · L^{-1})	≤ 0.005	≤ 0.005	≤ 0.05	≤ 0.10	> 0.10
7	钼 / (mg · L^{-1})	≤ 0.001	≤ 0.01	≤ 0.07	≤ 0.15	> 0.15
8	银 / (mg · L^{-1})	≤ 0.001	≤ 0.01	≤ 0.05	≤ 0.10	> 0.10
9	铊 / (mg · L^{-1})	≤ 0.0001	≤ 0.0001	≤ 0.0001	≤ 0.001	> 0.001
10	二氯甲烷 / (μg · L^{-1})	≤ 1	≤ 2	≤ 20	≤ 500	> 500
11	1，2- 二氯乙烷 / (μg · L^{-1})	≤ 0.5	≤ 3.0	≤ 30.0	≤ 40.0	> 40.0
12	1，1，1- 三氯乙烷 / (μg · L^{-1})	≤ 0.5	≤ 400	≤ 2000	≤ 4000	> 4000
13	1，1，2- 三氯乙烷 / (μg · L^{-1})	≤ 0.5	≤ 0.5	≤ 5.0	≤ 60.0	> 60.0
14	1，2- 二氯丙烷 / (μg · L^{-1})	≤ 0.5	≤ 0.5	≤ 5.0	≤ 60.0	> 60.0
15	三溴甲烷 / (μg · L^{-1})	≤ 0.5	≤ 10.0	≤ 100	≤ 800	> 800
16	氯乙烯 / (μg · L^{-1})	≤ 0.5	≤ 0.5	≤ 5.0	≤ 90.0	> 90.0
17	1，1- 二氯乙烯 / (μg · L^{-1})	≤ 0.5	≤ 3.0	≤ 30.0	≤ 60.0	> 60.0
18	1，2- 二氯乙烯 / (μg · L^{-1})	≤ 0.5	≤ 5.0	≤ 50.0	≤ 60.0	> 60.0
19	三氯乙烯 / (μg · L^{-1})	≤ 0.5	≤ 7.0	≤ 70.0	≤ 210	> 210
20	四氯乙烯 / (μg · L^{-1})	≤ 0.5	≤ 4.0	≤ 40.0	≤ 300	> 300
21	氯苯 / (μg · L^{-1})	≤ 0.5	≤ 60.0	≤ 300	≤ 600	> 600
22	邻二氯苯 / (μg · L^{-1})	≤ 0.5	≤ 200	≤ 1000	≤ 2000	> 2000
23	对二氯苯 / (μg · L^{-1})	≤ 0.5	≤ 30.0	≤ 300	≤ 600	> 600
24	三氯苯（总量）[a]/ (μg · L^{-1})	≤ 0.5	≤ 4.0	≤ 20.0	≤ 180	> 180
25	乙苯 / (μg · L^{-1})	≤ 0.5	≤ 30.0	≤ 300	≤ 600	> 600
26	二甲苯（总量）[b]/ (μg · L^{-1})	≤ 0.5	≤ 100	≤ 500	≤ 1000	> 1000
27	苯乙烯 / (μg · L^{-1})	≤ 0.5	≤ 2.0	≤ 20.0	≤ 40.0	> 40.0
28	2，4- 二硝基甲苯 / (μg · L^{-1})	≤ 0.1	≤ 0.5	≤ 5.0	≤ 60.0	> 60.0
29	2，6- 二硝基甲苯 / (μg · L^{-1})	≤ 0.1	≤ 0.5	≤ 5.0	≤ 30.0	> 30.0
30	萘 / (μg · L^{-1})	≤ 1	≤ 10	≤ 100	≤ 600	> 600
31	蒽 / (μg · L^{-1})	≤ 1	≤ 360	≤ 1800	≤ 3600	> 3600
32	荧蒽 / (μg · L^{-1})	≤ 1	≤ 50	≤ 240	≤ 480	> 480

续表

序号	指标	Ⅰ类	Ⅱ类	Ⅲ类	Ⅳ类	Ⅴ类
33	苯并（b）荧蒽 / $(\mu g \cdot L^{-1})$	≤ 0.1	≤ 0.4	≤ 4.0	≤ 8.0	＞ 8.0
34	苯并（a）芘 / $(\mu g \cdot L^{-1})$	≤ 0.002	≤ 0.002	≤ 0.01	≤ 0.50	＞ 0.50
35	多氯联苯（总量）[c]/ $(\mu g \cdot L^{-1})$	≤ 0.05	≤ 0.05	≤ 0.5	≤ 10.0	＞ 10.0
36	邻苯二甲酸二（2– 乙基己基）酯 / $(\mu g \cdot L^{-1})$	≤ 3	≤ 3	≤ 8.0	≤ 300	＞ 300
37	2，4，6– 三氯酚 / $(\mu g \cdot L^{-1})$	≤ 0.05	≤ 20.0	≤ 200	≤ 300	＞ 300
38	五氯酚 / $(\mu g \cdot L^{-1})$	≤ 0.05	≤ 0.90	≤ 9.0	≤ 18.0	＞ 18.0
39	六六六（总量）[d]/ $(\mu g \cdot L^{-1})$	≤ 0.01	≤ 0.50	≤ 5.00	≤ 300	＞ 300
40	γ– 六六六（林丹）/ $(\mu g \cdot L^{-1})$	≤ 0.01	≤ 0.20	≤ 2.00	≤ 150	＞ 150
41	滴滴涕（总量）[e]/ $(\mu g \cdot L^{-1})$	≤ 0.01	≤ 0.10	≤ 1.00	≤ 2.00	＞ 2.00
42	六氯苯 / $(\mu g \cdot L^{-1})$	≤ 0.01	≤ 0.10	≤ 1.00	≤ 2.00	＞ 2.00
43	七氯 / $(\mu g \cdot L^{-1})$	≤ 0.01	≤ 0.04	≤ 0.40	≤ 0.80	＞ 0.80
44	2，4– 滴 / $(\mu g \cdot L^{-1})$	≤ 0.1	≤ 6.0	≤ 30.0	≤ 150	＞ 150
45	克百威 / $(\mu g \cdot L^{-1})$	≤ 0.05	≤ 1.40	≤ 7.00	≤ 14.0	＞ 14.0
46	涕灭威 / $(\mu g \cdot L^{-1})$	≤ 0.05	≤ 0.60	≤ 3.00	≤ 30.0	＞ 30.0
47	敌敌畏 / $(\mu g \cdot L^{-1})$	≤ 0.05	≤ 0.10	≤ 1.00	≤ 2.0	＞ 2.00
48	甲基对硫磷 / $(\mu g \cdot L^{-1})$	≤ 0.05	≤ 4.00	≤ 20.0	≤ 40.0	＞ 40.0
49	马拉硫磷 / $(\mu g \cdot L^{-1})$	≤ 0.05	≤ 25.0	≤ 250	≤ 500	＞ 500
50	乐果 / $(\mu g \cdot L^{-1})$	≤ 0.05	≤ 16.0	≤ 80.0	≤ 160	＞ 160
51	毒死蜱 / $(\mu g \cdot L^{-1})$	≤ 0.05	≤ 6.00	≤ 30.0	≤ 60.0	＞ 60.0
52	百菌清 / $(\mu g \cdot L^{-1})$	≤ 0.05	≤ 1.00	≤ 10.0	≤ 150	＞ 150
53	莠去津 / $(\mu g \cdot L^{-1})$	≤ 0.05	≤ 0.40	≤ 2	≤ 600	＞ 600
54	草甘膦 / $(\mu g \cdot L^{-1})$	≤ 0.1	≤ 140	≤ 700	≤ 1400	＞ 1400

注：三氯苯（总量）[a]为1，2，3– 三氯苯、1，2，4– 三氯苯、1，3，5– 三氯苯 3 种异构体加和；二甲苯（总量）[b]为邻二甲苯、间二甲苯、对二甲苯 3 种异构体加和；多氯联苯（总量）[c]为 PCB28、PCB52、PCB101、PCB118、PCB138、PCB153、PCB180、PCB194、PCB206 9 种多氯联苯单体加和；六六六（总量）[d]为 *α*– 六六六、*β*– 六六六、*γ*– 六六六、*δ*– 六六六 4 种异构体加和；滴滴涕（总量）[e]为 o，p'– 滴滴涕、p，p'– 滴滴伊、p，p'– 滴滴滴、p，p'– 滴滴涕 4 种异构体加和。

（3）矿区及周边地下水具备使用功能

矿区及周边地下水具备的使用功能，主要指的是地下水在这些区域所发挥的实际作用和价值，涵盖了生活、农业、工业、生态等多个领域。

1）生活用水功能：水质达到要求，可以为当地居民提供清洁、稳定的饮用水，满足人们的日常生活需求。

2）农业灌溉功能：水质达到要求，可以为农作物的生长提供必要的水源保障，支持农业生产，保障粮食安全。

3）工业用水功能：水质达到要求，可以作为许多工业生产过程中的重要水源，用于冷却、洗涤、加工等各个环节，支持工业生产的正常运行。

4）生态服务功能：水质达到要求，可以为湿地、河流、湖泊等自然水体提供水源，保持生态系统的稳定和多样性。

（4）环境功能限值

环境功能限值是指为保护特定的环境功能，对环境中污染物或环境要素的浓度、排放量等设定的限制值。这些限值旨在确保环境质量维持在一定的水平，以支持人类健康、生态平衡和可持续发展。

1）水质功能限值：为保护水体的使用功能（如饮用水源、农业灌溉、工业用水、渔业养殖等），对水体中各种污染物的浓度设定的限制值。例如，对地表水中的重金属、有机物、微生物，以及pH、溶解氧、重金属含量等指标设定限值，以确保水质安全。地下水质功能限值参照地下水质量常规指标及限值。

2）大气环境质量限值：为保护大气环境，对大气中各种污染物的浓度设定的限制值。例如，对空气中的二氧化硫、氮氧化物、颗粒物等污染物设定限值，以减少大气污染对人体健康和生态环境的危害。

3）土壤环境质量标准：为保护土壤环境，对土壤中污染物的含量设定的限制值。土壤环境质量标准根据土壤的应用功能（如农田、蔬菜地、果园、牧场、林地等）和保护目标，规定了土壤中污染物的最高允许浓度。

4）声环境质量标准：为保护声环境，对声环境功能区内环境噪声设定的限制值。这些限值根据不同的声环境功能区（如居民区、商业区、工业区、交通干线两侧区域等）和使用要求（如昼间、夜间）来设定，以确保人们正常的生活、工作和学习的声环境质量。

本条所讲环境功能限值是指水质功能限值。

（5）地下水污染风险管控修复

按照《污染地块地下水修复和风险管控技术导则》（HJ 25.6）的要求开展地下水污染风险管控修复，需要遵循一系列科学、系统的工作程序和技术要求。工程实施前需完成如下工作：

A. 明确目标与范围

a. 确认场地条件

根据前期完成的场地地下水环境调查和污染地块风险评估等相关资料，核实污染场地基本情况、水文地质条件、场地环境特性、土壤与地下水污染特征等内容。

进行现场踏勘，考察场地现状，关注前期场地环境调查和风险评估后发生的重大变化，以及周边地下水型饮用水源地等环境保护敏感目标的变化情况。

考察场地修复和风险管控工程施工条件，关注场地用电、用水、交通、地下水监测井等情况，为修复和风险管控工程施工区布局提供基础信息。

如发现已有资料不能满足地下水修复和风险管控方案编制要求，应适当补充相关资料，必要时应补充开展水文地质勘查和场地环境调查，进行风险评估与模拟预测。

b. 确定地下水修复和风险管控目标

根据 HJ 25.3 确定的风险不可接受的污染物，结合场地特征、规划、使用功能和地下水质量要求，确定地下水修复和风险管控目标污染物。

根据地下水污染区域的功能要求，制定修复目标值。例如，对于地下水型饮用水源保护区及其补给区，应选择适用标准作为修复目标值；对于其他地下水区域，应根据其功能要求制定相应的修复目标值。如果污染场地经评估难以达到修复目标值，应制定地下水风险管控目标，作为地下水修复的阶段目标，阻断地下水污染暴露途径，控制地下水污染扩散。

c. 确定地下水修复和风险管控范围

根据 HJ 25.1 确定的地下水污染空间分布，结合地下水修复目标值和风险管控目标，确定地下水的修复和风险管控范围。

B. 构建场地概念模型

结合收集的相关场地资料，分析场地水文地质条件、污染物的理化参数、空间分布特征及其迁移途径、周边环境敏感点等，构建场地概念模型❶，重点关注地下水污染羽❷的变化情况。

C. 筛选地下水修复和风险管控技术

a. 技术初步筛选

根据污染场地水文地质条件、地下水污染特征和确定的修复和风险管控模式等，从适用的目标污染物、技术成熟度、修复效率、成本、时间和环境风险等方面，分析比较现有地下水修复和风险管控技术的优缺点和适用性。

采用对比分析或矩阵评分等方法初步筛选一种或多种修复和风险管控技术。

b. 技术可行性分析

实验室小试：采集场地的污染地下水和含水介质，针对初步筛选的技术，制定实验室试验方案，开展室内试验，评估技术的效果，确定技术关键参数。

现场中试：若技术适用性不确定，应在污染场地开展现场中试，验证技术的实际效果，评估技术的适用性，获得设计和施工所需要的工程参数。

模拟分析：基于构建的场地概念模型，选择目标污染物作为模拟因子，利用解析法或数值法，评估地下水修复和风险管控技术的有效性、工程修复效果和修复周期等。

c. 技术综合评估

基于技术可行性分析结果，采用对比分析或矩阵评分法对初步筛选的技术进行综合评估，确定一种或多种可行技术用于制定修复方案。若修复技术可行性分析结果表明，现有

❶ 场地概念模型是指以文字、图表等方式对场地的土壤、水文地质条件、污染源、受体以及污染物归趋和影响受体的暴露途径等所进行的综合描述。它详细描述场地污染源释放的污染物通过土壤、水和空气等环境介质，进入人体并对场地及场地周边的居住、工作人群的健康产生影响的关系模型。

❷ 地下水污染羽是指污染物随地下水运动所形成的空间范围。地下水污染羽的形成与多种因素有关，包括污染源的输入强度、地下水的运动状态、污染物的衰减作用等。污染物一旦进入地下水，就会随着地下水的流动而迁移和扩散，形成污染羽。污染羽的形状、大小和位置等特征取决于地下水的水文地质条件、污染物的物理化学性质，以及污染源的释放情况等因素。

技术无法实现修复目标，需制定风险管控技术方案。

D. 制定地下水修复和风险管控技术方案

a. 制定技术路线

根据场地地下水修复和风险管控模式、技术筛选的结果，结合场地管理要求等因素，采用一种或多种技术优化组合集成制定技术路线。

技术路线应反映地下水修复和风险管控的总体思路、方式、工艺流程等，还应包括工程实施过程中二次污染物的处理等。

b. 确定工艺参数

根据技术路线和工程实际情况，确定各项工艺参数，确保修复和风险管控工程的有效实施。

7.4.2 加强源头预防，采取有效措施防止对土壤、地下水等环境造成影响。出现酸性岩石排水的矿山，应采取有价金属回收、雨水导排、补给控制、矿山回填等措施，降低酸性岩石排水造成环境影响。列入土壤污染重点监管单位的矿山，定期对重点区域、重点设施开展隐患排查，土壤和地下水监测符合 HJ 1209 规定的要求

［解析］本条规定要求从源头上对土壤、地下水采取有效预防措施。

（1）相关标准、政策

1）《关于促进土壤污染风险管控和绿色低碳修复的指导意见》（环办土壤〔2023〕19 号）指出了土壤污染风险管控和修复是土壤污染防治的重要内容。文件中提出，党的十八大以来，土壤污染风险管控和修复工作水平不断提升，重点建设用地安全利用得到有效保障，但过程中资源能源高效利用和二次污染防控水平有待进一步提升。

2）《关于印发〈地下水污染防治重点区划定技术指南（试行）〉的通知》（环办土壤函〔2023〕299 号）指出了本指南适用于省级行政区域的地下水污染防治重点区划定工作。地市级、县级及其他行政区域的地下水污染防治重点区划定可参照执行。

3）《中华人民共和国土壤污染防治法》是为了保护和改善生态环境，防治土壤污染，保障公众健康，推动土壤资源永续利用，推进生态文明建设，促进经济社会可持续发展而制定的法律。

4）《重点监管单位土壤污染隐患排查指南（试行）》（生态环境部〔2021〕1 号公告）是重点监管单位为保证持续有效防止重点场所或者重点设施设备发生有毒有害物质渗漏、流失、扬散造成土壤污染，而依法自行组织开展的土壤污染隐患排查工作。

5）《中华人民共和国土壤污染防治法》第二十一条规定“严格控制有毒有害物质排放，并按年度向生态环境主管部门报告排放情况”。

6）《土壤环境质量　建设用地土壤污染风险管控标准（试行）》（GB 36600）规定了保护人体健康的建设用地土壤污染风险筛选值和管制值，以及监测、实施与监督要求。标准

共包括95种污染物，其中重金属和无机污染物13种，挥发性有机物31种，半挥发性有机物20种，有机农药类14种，多氯联苯、多溴联苯和二噁英类5种，石油烃类1种。

7）《工业企业土壤和地下水自行监测技术指南（试行）》（HJ 1209）本标准规定了工业企业土壤和地下水自行监测的一般要求，监测方案制定，样品采集、保存、流转、制备与分析，监测结果分析，质量保证与质量控制，监测报告编制，监测管理的基本内容和要求。适用于土壤污染重点监管单位中在产工业企业内部的土壤和地下水自行监测。其他工业企业的土壤和地下水自行监测可参照本标准执行。

（2）源头预防的原则

环境保护中的源头预防原则，是指在环境保护工作中，应当采取预先防范措施，防止环境问题及环境损害的发生。这一原则强调在环境保护工作中要注重预防，通过科学合理地规划和布局，采取有效的措施，从源头上避免或减少环境污染和生态破坏的发生。

1）科学规划与合理布局。在经济社会发展过程中，将环境保护放在优先位置，确保环境保护与经济社会发展相协调。在项目规划、选址、设计、施工等阶段，充分考虑环境保护的要求，避免或减少对环境的不良影响。

2）推广清洁生产。鼓励企业采用清洁生产技术和工艺，减少污染物的产生和排放。提高资源利用效率，减少资源浪费和环境污染。

3）实施环境影响评价制度。对可能对环境产生影响的建设项目进行预先评估，确保项目在实施前能够充分考虑环境保护的要求。通过EIA，识别项目的环境风险，提出有效的预防和减轻措施。

4）分析污染的源头并从源头采取措施是环境保护的核心策略。以酸性水为例，我们需深入探究其产生原理，即酸性物质在水中的溶解和积累过程，并据此追溯酸性水产生的具体源头，包括遇水能形成酸性离子的岩石、工业排放、矿山开采及大气沉降等。针对这些源头，我们必须采取切实有效的预防措施，如加强工业废水处理以减少污染物排放，规范矿山开采活动以防止酸性废水外泄，控制大气污染物排放以降低酸雨形成的风险，从而从根本上减少酸性水的产生，有效保护水资源和生态环境。

（3）酸性水源头预防的措施

A. 有价金属回收

在矿山开采过程中，积极对含有有价金属的酸性岩石进行细致的分拣和有效的回收。借助先进的冶炼和提取技术，能够从这些酸性岩石中高效回收出铜、铁、锌等有价值的金属资源。这一举措不仅显著减少了废弃物的排放，有效降低了对环境的污染压力，还极大地促进了资源的循环利用，显著提高了资源的利用效率。

B. 雨水导排系统

为了有效应对酸性岩石区域产生的排水问题，需要精心设计并建设雨水导排系统。通过设置排水沟、集水井等关键设施，确保雨水能够迅速、顺畅地排离酸性岩石区域，有效防止雨水与酸性岩石直接接触，从而大幅减少酸性排水的产生。同时，还应建立定期维护和检查机制，对雨水导排系统进行全面、细致的检查和维护，确保其始终保持畅通无阻的良好状态，充分发挥其应有的导排作用，为保护环境和水资源安全提供有力保障。

C. 补给控制策略

为了有效降低酸性排水对地下水的影响，需要对地下水补给速度进行了科学合理的调控。通过持续监测地下水位、水质等关键参数，及时掌握地下水的动态变化情况，并据此制定针对性的补给控制计划。在必要时，还应灵活采取人工补给或排水措施，以精准调节地下水的补给速度，确保地下水保持动态平衡，从而有效保障水质安全，维护地下水资源的可持续利用。

D. 矿山回填技术

在矿山开采工作圆满结束后，需要对开采区域进行严谨的回填处理，以有效覆盖和隔离酸性岩石。选择适宜的回填材料，如肥沃的土壤、坚实的碎石等，将酸性岩石全面、彻底地覆盖起来，极大地减少了其与外部环境的直接接触。同时，还需要建立定期监测和维护机制，对回填区域进行持续、细致的观测和维护，确保其长期保持稳定状态，有效防止酸性岩石因自然或人为因素而再次暴露于环境中，为生态环境保护和水资源安全提供有力保障。

（4）重点监管单位

A. 主要包括的行业企业

1）有色金属冶炼、石油加工、化工、焦化、电镀、制革等行业中纳入排污许可重点管理的企业。

2）有色金属矿采选、石油开采行业规模以上企业。

3）其他根据有关规定纳入土壤环境污染重点监管单位名录的企业、事业单位。

除了上述行业之外，存在有毒有害物质的储罐、管道或者建设有污水处理池、应急池、固体废物处置设施等存在土壤污染风险设施的企业也将会纳入土壤环境污染重点监管单位名录管理。例如危险废物经营单位、垃圾填埋场、垃圾焚烧设施、污水集中处理设施、危险化学品储存设施、原油储运管道设施、加油站、尾矿库等。

B. 其他纳入土壤环境污染重点监管单位名录

1）有事实排污且属于土壤污染重点监管行业的所有大中型企业。土壤污染重点监管行业包括：有色金属矿采选、有色金属冶炼、石油开采、石油加工、化工、焦化、电镀、制革等。各地可根据本地实际情况增加相关土壤污染重点监管行业。

2）年产生危险废物 100t 以上的企业事业单位。

3）持有危险废物经营许可证，从事危险废物贮存、处置、利用的企业事业单位。

4）运营维护生活垃圾填埋场或焚烧厂的企业事业单位，包含已封场的垃圾填埋场。

5）三年内发生较大及以上突发固体废物、危险废物和地下水环境污染事件，或者因土壤环境污染问题造成重大社会影响的企业事业单位。

C. 需要排查的隐患

a. 土壤污染隐患

矿山生产过程中可能使用或产生各种有毒有害物质，如重金属、酸碱物质、有机污染物等。这些物质若发生泄漏，可能渗入土壤，造成土壤污染。重点检查区域包括储存、使用、转运这些物质的场所和设施设备，如储罐、管道、反应釜等。

检查土壤污染预防设施（如防渗层、收集池、泄漏检测装置等）是否完善，运行是否正常。是否存在设计缺陷、老化、破损等问题，导致无法有效防止有毒有害物质渗漏、流失、扬散。

b. 地下水污染隐患

矿山活动可能对地下水造成污染，特别是当有毒有害物质泄漏至土壤后，可能进一步渗入地下水。重点关注与地下水有直接或间接联系的区域和设施，如矿井、尾矿库、排水系统等。

检查地下水监测井、监测设备等是否正常运行，监测数据是否准确、及时。是否存在监测盲区或监测频次不足等问题，导致无法及时发现地下水污染。

c. 设施设备安全隐患

矿山生产设施设备经过长期使用，可能出现老化、破损等问题，导致泄漏风险增加。重点检查储罐、管道、阀门等易损部件的完好性和密封性。

检查设备的安全附件（如压力表、安全阀、温度计等）是否齐全、有效。是否存在缺失、损坏或未定期校验等问题，导致设备无法安全运行。

d. 环境管理制度隐患

检查矿山是否建立了完善的环境管理制度，包括土壤和地下水污染防治制度、应急管理制度等。制度是否得到有效执行，是否存在漏洞或空白。

检查矿山是否制定了针对土壤和地下水污染的应急预案，预案内容是否完善、可行。是否存在未定期演练或演练效果不佳等问题，导致在突发环境事件发生时无法有效应对。

D. 土壤与地下水监测

根据《工业企业土壤和地下水自行监测技术指南（试行）》（HJ 1209）的要求，对土壤和地下水进行监测需要遵循以下步骤和要求。

a. 制定监测方案

资料收集：收集企业基本信息、生产信息、水文地质信息、生态环境管理信息等资料，以全面了解企业的生产活动和环境状况。

现场踏勘：通过现场踏勘，补充和确认待监测企业内部的信息，核查所收集资料的有效性。对照企业平面布置图，勘查各场所及设施设备的分布情况，核实其主要功能、生产工艺及涉及的有毒有害物质。重点观察场所及设施设备地面硬化或其他防渗措施情况，判断是否存在通过渗漏、流失、扬散等途径导致土壤或地下水污染的隐患。

人员访谈：必要时，通过人员访谈进一步补充和核实企业信息。访谈人员可包括企业负责人、熟悉企业生产活动的管理人员和职工、生态环境主管部门的工作人员等。

识别与分类重点监测单元：对调查结果进行分析、评价和总结，排查企业内有潜在土壤污染隐患的重点场所及重点设施设备。将其中可能通过渗漏、流失、扬散等途径导致土壤或地下水污染的场所或设施设备识别为重点监测单元。重点场所或重点设施设备分布较密集的区域可统一划分为一个重点监测单元，每个重点监测单元原则上面积不大于6400m²。重点监测单元确定后，应依据内部是否存在隐蔽性重点设施设备（如地下、半地下或接地的储罐、池体、管道等）对其进行分类，分为一类单元和二类单元。

土壤监测点：监测点位的布设应遵循不影响企业正常生产且不造成安全隐患与二次污染的原则。点位应尽量接近重点单元内存在土壤污染隐患的重点场所或重点设施设备。一类单元涉及的每个隐蔽性重点设施设备周边原则上均应布设至少 1 个深层土壤监测点，单元内部或周边还应布设至少 1 个表层土壤监测点。二类单元每个单元内部或周边原则上均应布设至少 1 个表层土壤监测点。表层土壤监测点采样深度为 0 ～ 0.5m。

地下水监测井：企业原则上应布设至少 1 个地下水对照点，布设在企业用地地下水流向上游处，与污染物监测井设置在同一含水层，并应尽量保证不受自行监测企业生产过程影响。每个重点单元对应的地下水监测井不应少于 1 个。每个企业地下水监测井（含对照点）总数原则上不应少于 3 个，且尽量避免在同一直线上。监测井应布设在污染物运移路径的下游方向。

初次监测指标：土壤监测指标至少应包括 GB 36600 表 1 中的基本项目；地下水监测指标至少应包括 GB/T 14848 表 1 中的常规指标（微生物指标、放射性指标除外）。同时，根据企业实际情况，将可能影响土壤和地下水的特征因子纳入监测指标。

后续监测指标：按照重点单元确定监测指标，包括前期监测中曾超标的污染物及该重点单元涉及的所有关注污染物。

监测频次：初次监测应包括所有监测对象。后续监测频次根据监测对象和重点单元类型确定，如表层土壤每年监测一次，深层土壤每三年监测一次，地下水一类单元每半年或每季度监测一次，二类单元每年或每半年监测一次。

b. 实施监测

样品采集：按照监测方案确定的点位和频次进行样品采集。采集过程中应严格遵守相关标准和规范，确保样品的代表性和准确性。

样品保存与流转：样品采集后应妥善保存和流转，防止样品在保存和运输过程中受到污染或损坏。

样品分析：将样品送至具有相应资质的实验室进行分析测试。实验室应按照相关标准和规范进行样品分析，确保分析结果的准确性和可靠性。

c. 监测结果分析与应用

结果分析：对监测结果进行分析和评价，判断土壤和地下水是否存在污染风险。将土壤污染物浓度与 GB 36600 中的第二类用地筛选值、土壤环境背景值对比；将地下水污染物浓度与 GB/T 14848 中的Ⅳ类水限值或地方生态环境部门判定的地下水环境本底值对比。

结果应用：根据监测结果，采取相应的污染防控措施。如发现土壤或地下水存在污染风险，应及时采取措施进行治理和修复。

7.5 废物处置与排放

7.5.1 固体废弃物处置符合 GB 18597、GB 18599 规定的要求

[解析]本条是对矿山生产过程中产生的固体废弃物的处置要求。

(1)相关的标准

1)《危险废物贮存污染控制标准》(GB 18597)规定了危险废物贮存污染控制的总体要求、贮存设施选址和污染控制要求、容器和包装物污染控制要求、贮存过程污染控制要求,以及污染物排放、环境监测、环境应急、实施与监督等环境管理要求。适用于产生、收集、贮存、利用、处置危险废物的单位新建、改建、扩建的危险废物贮存设施选址、建设和运行的污染控制和环境管理,也适用于现有危险废物贮存设施运行过程的污染控制和环境管理。历史堆存危险废物清理过程中的暂时堆放不适用本标准。国家其他固体废物污染控制标准中针对特定危险废物贮存另有规定的,执行相关规定。

2)《一般工业固体废物贮存和填埋污染控制标准》(GB 18599)见 6.2.2 相关解析。

(2)一般工业固体废物的处置要求

《一般工业固体废物贮存和填埋污染控制标准》(GB 18599)对一般工业固体废物的处置提出了全面的要求,涵盖了选址、建设、运行、封场、土地复垦、监测等多个环节,旨在防治一般工业固体废物贮存和填埋过程中的环境污染。

A. 贮存场、填埋场选址要求

1)贮存场、填埋场的选址应符合当地城乡建设总体规划要求。

2)贮存场、填埋场应避开断层、断层破碎带、溶洞区,以及天然滑坡或泥石流影响区等区域。禁止选在江河、湖泊、水库最高水位线以下的滩地和洪泛区。禁止选在自然保护区、风景名胜区和其他需要特别保护的区域。

3)贮存场、填埋场应选在工业区和居民集中区主导风向下风侧,场界距居民集中区 500m 以外。

4)贮存场、填埋场应选在满足承载力要求的地基上,避免地基下沉影响。

B. 贮存和填埋场建设要求

1)贮存场、填埋场的建设类型必须与将要堆放的一般工业固体废物的类别相一致。

2)贮存场、填埋场应采取防止粉尘污染的措施。应设置导流渠、渗滤液集排水设施等,以防止雨水径流进入贮存、处置场内,避免渗滤液量增加和滑坡。

3)贮存场、填埋场应构筑堤、坝、挡土墙等设施,以防止一般工业固体废物和渗滤液的流失。

C. 入场要求

1)贮存场、填埋场禁止危险废物和生活垃圾混入。

2)含水率高于 50% 的固体废物不可直接进场填埋。

D. 运行要求

1）应定期检查维护堤、坝、挡土墙、导流渠等设施。

2）应建立档案制度，详细记录入场的一般工业固体废物的种类和数量等资料，并长期保存。

E. 封场及土地复垦要求

1）当贮存、处置场服务期满或因故不再承担新的贮存、处置任务时，应分别予以关闭或封场。关闭或封场前，必须编制关闭或封场计划，报请所在地县级以上环境保护行政主管部门核准，并采取污染防治措施。

2）封场后应进行土地复垦，恢复土地的使用功能。

F. 监测要求

1）应定期对贮存场、填埋场及其周边环境进行监测，包括大气、地下水、土壤等介质的污染物浓度和排放量等指标的监测。

2）应建立监测档案，并按照规定向环境保护行政主管部门报告监测结果。

G. 其他要求

1）产生、收集、贮存、运输、利用、处置固体废物的单位，应当依法及时公开固体废物污染环境防治信息，主动接受社会监督。

2）产生工业固体废物的单位应当建立健全工业固体废物产生、收集、贮存、运输、利用、处置全过程的污染环境防治责任制度。

3）建立工业固体废物管理台账，如实记录产生工业固体废物的种类、数量、流向、贮存、利用、处置等信息，实现工业固体废物可追溯、可查询。

4）产生工业固体废物的单位委托他人运输、利用、处置工业固体废物的，应当对受托方的主体资格和技术能力进行核实，并依法签订书面合同，在合同中约定污染防治要求。

5）受委托方运输、利用、处置工业固体废物的，应当依照有关法律法规的规定和合同约定履行污染防治要求，并将运输、利用、处置情况告知产生工业固体废物的单位。

6）产生工业固体废物的单位违反规定的，应当与造成环境污染和生态破坏的受委托方承担连带责任。

（3）危险废物的处置要求

《危险废物贮存污染控制标准》（GB 18597）对危险废物的处置提出了全面的要求，以防止危险废物在贮存过程中的环境污染和安全事故。

A. 总体要求

1）产生危险废物的单位，应当按照国家有关规定和环境保护标准要求贮存、利用、处置危险废物，不得擅自倾倒、堆放。

2）贮存危险废物应当采取符合国家环境保护标准的防护措施。禁止将危险废物混入非危险废物中贮存。

B. 贮存设施选址和建设要求

1）贮存设施选址应满足生态环境保护法律法规、规划和“三线一单”生态环境分区管控的要求。

2）设施底部必须高于地下水最高水位，避免建在溶洞区或易遭受严重自然灾害影响的地区。

3）贮存设施应设计防渗、防漏等污染防治措施，确保环境安全。

4）贮存设施应设置危险废物识别标志，并按要求记录贮存情况。

C. 分类贮存和污染防治要求

1）贮存危险废物应根据危险废物的类别、数量、形态、物理化学性质和环境风险等因素，确定贮存设施或场所类型和规模。

2）贮存危险废物应根据危险废物的类别、形态、物理化学性质和污染防治要求进行分类贮存，且应避免危险废物与不相容的物质或材料接触。

3）贮存危险废物应采取必要的防风、防晒、防雨、防漏、防渗、防腐等污染防治措施。

4）贮存易产生有害气体的危险废物时，应设置气体收集装置和气体净化设施。

D. 贮存设施运行管理要求

1）危险废物存入贮存设施前，应对危险废物类别和特性与危险废物标签等危险废物识别标志的一致性进行核验，不一致的或类别、特性不明的不应存入。

2）应定期检查危险废物的贮存状况，及时清理贮存设施地面，更换破损泄漏的危险废物贮存容器和包装物，保证堆存危险废物的防雨、防风、防扬尘等设施功能完好。

3）贮存设施运行期间，应按国家有关标准和规定建立危险废物管理台账并保存。

4）贮存设施所有者或运营者应建立贮存设施环境管理制度、管理人员岗位职责制度、设施运行操作制度、人员岗位培训制度等。

5）贮存设施所有者或运营者应建立贮存设施全部档案，包括设计、施工、验收、运行、监测和环境应急等，并按国家有关档案管理的法律法规进行整理和归档。

E. 信息化管理要求

环境重点监管单位应采用电子地磅、电子标签、电子管理台账等技术手段对危险废物贮存过程进行信息化管理，确保数据完整、真实、准确；采用视频监控的应确保监控画面清晰，视频记录保存时间至少为 3 个月。

F. 特殊废物的处理

在常温常压下易爆、易燃及排出有毒气体的危险废物应进行预处理，使之稳定后贮存，否则应按易爆、易燃危险品贮存。

G. 法律责任

未按照国家环境保护标准贮存、利用、处置危险废物或者将危险废物混入非危险废物中贮存的，依据《中华人民共和国固体废物污染环境防治法》等相关法律法规，将面临十万元以上一百万元以下的罚款。

H. 其他要求

贮存危险废物除应满足环境保护相关要求外，还应执行国家安全生产、职业健康、交通运输、消防等法律法规和标准的相关要求。

7.5.2 生活污水和工业废水排放符合 GB 8978 及行业、地方标准规定的要求

［解析］**本条是对生活污水和工业废水排放的要求。**

（1）相关标准

1）《污水综合排放标准》(GB 8978）按照污水排放去向，分年限规定了 69 种水污染物最高允许排放浓度及部分行业最高允许排水量。

2）《煤炭工业污染物排放标准》(GB 20426）规定了采煤废水和选煤废水污染物排放限值，煤矸石堆置场管理技术要求，煤炭工业地面生产系统大气污染物排放限值和无组织排放限值，煤炭矿井水资源化利用指导性技术要求。

3）《铝工业污染物排放标准》(GB 25465）规定了铝工业企业生产过程中水污染物和大气污染物排放限值、监测和监控要求。标准中的排放浓度均为质量浓度。适用于铝工业企业水污染和大气污染防治和管理。为促进区域经济与环境协调发展，推动经济结构的调整和经济增长方式的转变，引导铝工业生产工艺和污染治理技术的发展方向，本标准规定了水污染物特别排放限值。

4）《铅、锌工业污染物排放标准》(GB 25466）规定了铅、锌工业企业生产过程中水污染物和大气污染物排放限值、监测和监控要求。标准中的排放浓度均为质量浓度。为促进区域经济与环境协调发展，推动经济结构的调整和经济增长方式的转变，引导铅、锌工业生产工艺和污染治理技术的发展方向，本标准规定了水污染物特别排放限值。

5）《铜、镍、钴工业污染物排放标准》（GB 25467）规定了铜、镍、钴工业企业生产过程中水污染物和大气污染物排放限值、监测和监控要求。标准中的排放浓度均为质量浓度。为促进区域经济与环境协调发展，推动经济结构的调整和经济增长方式的转变，引导铜、镍、钴工业生产工艺和污染治理技术的发展方向，本标准规定了水污染物特别排放限值。

6）《镁、钛工业污染物排放标准》(GB 25468）规定了镁、钛工业企业水污染物和大气污染物排放限值、监测和监控要求。

7）《稀土工业污染物排放标准》(GB 26451）规定了稀土工业企业水污染物和大气污染物排放限值、监测和监控要求。标准的排放浓度均为质量浓度。适用于稀土工业企业水污染和大气污染防治和管理。为促进区域经济与环境协调发展，推动经济结构的调整和经济增长方式的转变，引导稀土工业生产工艺和污染治理技术的发展方向，本标准规定了水污染物特别排放限值。

8）《铁矿采选工业污染物排放标准》(GB 28661）规定了铁矿采选生产企业水和大气污染物排放限值、监测和监控要求。为促进地区经济与环境协调发展，推动经济结构的调整和经济增长方式的转变，引导铁矿采选工业生产工艺和污染治理技术的发展方向，本标准

规定了水和大气污染物特别排放限值。

9)《锡、锑、汞工业污染物排放标准》(GB 30770)规定了锡、锑、汞采选及冶炼工业企业生产过程中水污染物和大气污染物排放限值、监测和监控要求，对重点区域规定了水污染物和大气污染物特别排放限值。

10)《地表水环境质量标准》(GB 3838)规定了地表水环境质量的分类、标准限值、水质评价与分析方法，以及生态修复标准，适用于我国领域内具有使用功能的地表水水域，是地表水环境管理和保护的重要依据。

11)《海水水质标准》(GB 3097)规定了我国海洋环境制定的海水水质标准。适用于中华人民共和国管辖的海域，包括近岸海域、港湾和海峡。

12)《城镇污水处理厂污染物排放标准》(GB 18918—2002)规定了我国城镇污水处理厂污染物排放标准。适用于城镇污水处理厂出水、废气排放和污泥处置（控制）的管理。

（2）矿山生活污水、生产废水来源

A. 矿山生活污水

矿山生活污水是指在矿山区域内，由矿山职工日常生活活动所产生的废水。这些废水主要来源于职工的洗浴、厕所、厨房、洗衣及办公区域等日常活动，其中包含了有机物、悬浮物、油脂、细菌、微生物及可能的洗涤剂残留等多种污染物。

a. 矿山生活污水的特点

矿山生活污水的特点在于其污染物类型相对单一，但水量和水质可能会因矿山规模、职工人数及生活习惯等因素而有所不同。如果不经过适当处理直接排放，这些污水可能会对矿山周边的水环境造成污染，影响水质和生态平衡，甚至可能对人类健康构成威胁。

b. 矿山生活污水的主要来源

办公楼冲洗废水。办公楼内清洁、冲洗等活动产生的废水，含有悬浮物、有机物和细菌等。

其他办公废水。如饮水机排水、清洁用水等，这些废水中可能含有微量的有害物质。

洗浴废水。矿山职工在洗浴过程中产生的污水，含有油脂、有机物、细菌和微生物等污染物。

厕所污水。来自矿山职工宿舍、办公楼等区域的厕所，含有有机物、氮、磷等营养物质及细菌和微生物。

厨房废水。矿山职工食堂等区域产生的厨房废水，含有油脂、食物残渣和有机物等。

其他生活污水。包括洗衣废水、清洁废水等，这些废水中可能含有洗涤剂、有机物和细菌等污染物。

B. 矿山生产废水

矿山的生产废水是指在矿山开采和选矿过程中产生的废水。

a. 矿山生产废水的特点

矿山的生产废水主要特点是成分复杂、污染负荷高，其中可能含有重金属、酸碱物质、选矿药剂、悬浮物、油脂等多种污染物。如果未经处理直接排放，会对环境造成严重污染，影响水体、土壤和生态系统的平衡，甚至危害人类健康。

b. 矿山生产废水的主要来源

矿井内的天然溶滤水。在矿井开采过程中，地下水通过岩石孔隙、裂隙等自然通道进入矿井，与矿石、岩石等接触后，可能溶解出各种矿物质和有害物质，形成矿井废水。

选矿废水。在选矿过程中，矿石经过破碎、磨矿、选别等工序，产生大量的废水。这些废水中含有矿石颗粒、金属微粒、选矿药剂（如捕收剂、抑制剂等），以及悬浮物、油脂等有机物。

矿井内的其他生产废水。包括井下生产防尘、灌浆、充填等过程中产生的污水，以及采矿生产工艺形成的废水。这些废水通常含有大量悬浮物、油脂、有机物和重金属等污染物。

矿渣堆积场的浸出水。矿山开采过程中产生的废石、矿渣等堆积在场地内，经过雨水淋溶或地下水浸泡后，会产生含有重金属、酸碱物质等有害成分的浸出水。

其他废水。矿山设备运行过程中产生的冷却水，可能含有微量金属和化学药剂，以及矿山生活区产生的生活污水等。

（3）污染物分类

工业废水根据水质分析可分为重金属离子不超标的排水和重金属离子超标的排水两种。是否需要进行排水处理的判断标准有地方政府对于当地河流、水系的污染物排放标准和国家《污水综合排放标准》（GB 8978）两种。一般情况下，地方排放标准的某些排水指标要求要高于国家《污水综合排放标准》（GB 8978）的指标；在没有地方排放标准的情况下，严格执行国家《污水综合排放标准》（GB 8978）。在《污水综合排放标准》（GB 8978）中，排入水体的污染物按其性质及控制方式分为两类。

《污水综合排放标准》（GB 8978）第 4.2.1.1 款规定：第一类污染物（是指能在环境或动植物体内蓄积，对人体健康产生长远不良影响的污染物）不分行业和污水排放方式，也不分受纳水体的功能类别，一律在车间或车间处理设施排放口采样，其最高允许排放浓度必须达到标准要求（采矿行业的尾矿坝出水口不得视为车间排放口）。

第一类污染物共 13 项指标，其最高允许排放浓度见表 7.9。

表 7.9　第一类污染物一览表

序号	污染物	最高允许排放浓度
1	总汞	0.05mg/L
2	烷基汞	不得检出
3	总镉	0.1mg/L
4	总铬	1.5mg/L
5	六价铬	0.5mg/L
6	总砷	0.5mg/L
7	总铅	1.0mg/L
8	总镍	1.0mg/L

续表

序号	污染物	最高允许排放浓度
9	苯并（a）芘	0.00003mg/L
10	总铍	0.005mg/L
11	总银	0.5mg/L
12	总α放射性	1Bq/L
13	总β放射性	10Bq/L

《污水综合排放标准》（GB 8978）第4.2.1.2款规定：第二类污染物（指其长远影响小于第一类的污染物质），在排污单位排放口采样，其最高允许排放浓度必须达到标准要求。

第二类污染物共有26类，涉及56项指标（表7.10），排放物质的标准与所在地区排放的水域所执行的标准有关，在有色矿山应特别关注的排放指标有pH、悬浮物、五日生化需氧量、化学需氧量、总氰化物、氨氮、氟化物、总铜、总锌等。

表7.10　第二类污染物一览表　　单位：mg/L

序号	污染物	适用范围	一级标准	二级标准	三级标准
1	pH	一切排污单位	6 ~ 9	6 ~ 9	6 ~ 9
2	色度（稀释倍数）	染料工业	50	180	—
		其他排污单位	50	80	—
3	悬浮物（SS）	采矿、选矿、选煤工业	100	300	—
		脉金选矿	100	500	—
		边远地区砂金选矿	100	800	—
		城镇二级污水处理厂	20	30	—
		其他排污单位	70	200	400
4	五日生化需氧量（BOD_5）	甘蔗制糖、苎麻脱胶、湿法纤维板工业	30	100	600
		甜菜制糖、乙醇、味精、皮革、化纤浆粕工业	30	150	600
		城镇二级污水处理厂	20	30	—
		其他排污单位	30	60	300
5	化学需氧量（COD）	甜菜制糖、焦化、合成脂肪酸、湿法纤维板、染料、洗毛、有机磷农药工业	100	200	1000
		味精、乙醇、医药原料药、生物制药、苎麻脱胶、皮革、化纤浆粕工业	100	300	1000
		石油化工工业（包括石油炼制）	100	150	500
		城镇二级污水处理厂	60	120	—
		其他排污单位	100	150	500
6	石油类	一切排污单位	10	10	30

续表

序号	污染物	适用范围	一级标准	二级标准	三级标准
7	动植物油	一切排污单位	20	20	100
8	挥发酚	一切排污单位	0.5	0.5	2.0
9	总氰化物	电影洗片（铁氰化合物）	0.5	5.0	5.0
		其他排污单位	0.5	0.5	1.0
10	硫化物	一切排污单位	1.0	1.0	2.0
11	氨氮	医药原料药、染料、石油化工工业	15	50	—
		其他排污单位	15	25	—
12	氟化物	黄磷工业	10	20	20
		低氟地区（水体含氟量＜0.5mg/L）	10	20	30
		其他排污单位	10	10	20
13	磷酸盐（以P计）	一切排污单位	0.5	1.0	—
14	甲醛	一切排污单位	1.0	2.0	5.0
15	苯胺类	一切排污单位	1.0	2.0	5.0
16	硝基苯类	一切排污单位	2.0	3.0	5.0
17	阴离子表面活性剂（LAS）	合成洗涤剂工业	5.0	15	20
		其他排污单位	5.0	10	20
18	总铜	一切排污单位	0.5	1.0	2.0
19	总锌	一切排污单位	2.0	5.0	5.0
20	总锰	合成脂肪酸工业	2.0	5.0	5.0
		其他排污单位	2.0	2.0	5.0
21	彩色显影剂	电影洗片	2.0	3.0	5.0
22	显影剂及氧化物总量	电影洗片	3.0	6.0	6.0
23	元素磷	一切排污单位	0.1	0.3	0.3
24	有机磷农药（以P计）	一切排污单位	不得检出	0.5	0.5
25	粪大肠菌群数	医院*、兽医院及医疗机构含病原体污水	500个/L	1000个/L	5000个/L
		传染病、结核病医院污水	100个/L	500个/L	1000个/L
26	总余氯（采用氯化消毒的医院污水）	医院*、兽医院及医疗机构含病原体污水	＜0.5**	＞3（接触时间≥1h）	＞2（接触时间≥1h）
		传染病、结核病医院污水	＜0.5**	＞6.5（接触时间≥1.5h）	＞5（接触时间≥1.5h）

注：*50个以上床位的医院。

** 加氯消毒后须进行脱氯处理，以达到本标准。

（4）污水、废水处理及排放标准

A. 污水处理厂污染物排放标准

《城镇污水处理厂污染物排放标准》（GB 18918）规定：根据城镇污水处理厂排入的地表水域环境功能和保护目标，以及污水处理厂的处理工艺，将基本控制项目的常规污染物标准分为一级标准、二级标准、三级标准。一级标准分为 A 标准和 B 标准。

1）一级标准的 A 标准是城镇污水处理厂出水作为回用水的基本要求。当污水处理厂出水引入稀释能力较小的河湖作为城镇景观用水和一般回用水等用途时，执行一级标准的 A 标准。

2）城镇污水处理厂出水排入《地表水环境质量标准》（GB 3838）地表水Ⅱ类功能水域（划定的饮用水水源保护区和游泳区除外）或《海水水质标准》（GB 3097）海水二类功能水域和湖、库等封闭或半封闭水域时，执行一级标准的 B 类标准。

3）城镇污水处理厂出水排入《地表水环境质量标准》（GB 3838）地表水Ⅳ、Ⅴ类功能水域或《海水水质标准》(GB 3097）海水三、四类功能海域时，执行二级标准。

4）非重点控制流域和非水源保护区的建制镇的污水处理厂，根据当地经济条件和水污染控制要求，采用一级强化处理工艺时，执行三级标准，但必须预留二级处理设施的位置，分期达到二级标准。

城镇污水处理厂水污染物排放基本控制项目最高允许排放浓度（日均值）见表 7.11。

表 7.11　城镇污水处理厂水污染排放基本控制项目排放标准一览表　　单位：mg/L

序号	基本控制项目		一级标准		二级标准	三级标准
			A 标准	B 标准		
1	化学需氧量（COD）		50	60	100	120*
2	五日生化需氧量（BOD_5）		10	20	30	60*
3	悬浮物（SS）		10	20	30	50
4	动植物油		1	3	5	20
5	石油类		1	3	5	15
6	阴离子表面活性剂		0.5	1	2	5
7	总氮（以 N 计）		15	20	—	—
8	氨氮（以 N 计）**		5（8）	8（15）	25（30）	—
9	总磷（以 P 计）	2005 年 12 月 31 日前建设的	1	1.5	3	5
		2006 年 1 月 1 日前建设的	0.5	1	3	5
10	色度（稀释倍数）		30	30	40	50
11	pH		6 ~ 9			
12	粪大肠菌群数 /（个 · L^{-1}）		10^3	10^4	10^4	—

注：* 下列情况下按去除率指标执行：当进水 COD>350mg/L 时，去除率应 >60%；BOD>160mg/L 时，去除率应 >50%。

** 括号外数值为水温 >12℃时的控制指标，括号内数值为水温≤ 12℃时的控制指标。

B. 污水排放标准和受纳水体的功能类别的关系

《污水综合排放标准》(GB 8978）中有如下规定：

1）排入《地表水环境质量标准》(GB 3838）中Ⅲ类水域（划定的保护区和游泳区除外）和排入《海水水质标准》(GB 3097）中二类海域的污水，执行一级标准。

2）排入《地表水环境质量标准》(GB 3838）中Ⅳ、Ⅴ类水域和排入《海水水质标准》(GB 3097）中三类海域的污水，执行二级标准。

3）排入设置二级污水处理厂的城镇排水系统的污水，执行三级标准。

4）排入未设置二级污水处理厂的城镇排水系统的污水，必须根据排水系统出水受纳水域的功能要求，分别执行4.1.1和4.1.2的规定。

5）在《地表水环境质量标准》(GB 3838）中Ⅰ、Ⅱ类水域和Ⅲ类水域中划定的保护区和《海水水质标准》(GB 3097）中的一类海域，禁止新建排污口，现有排污口应按水体功能要求，实行污染物总量控制，以保证受纳水体水质符合规定用途的水质标准。

（5）选矿加工过程废水循环利用

选矿加工废水循环利用（图7.3）包括废水收集、废水处理和循环利用三个环节。

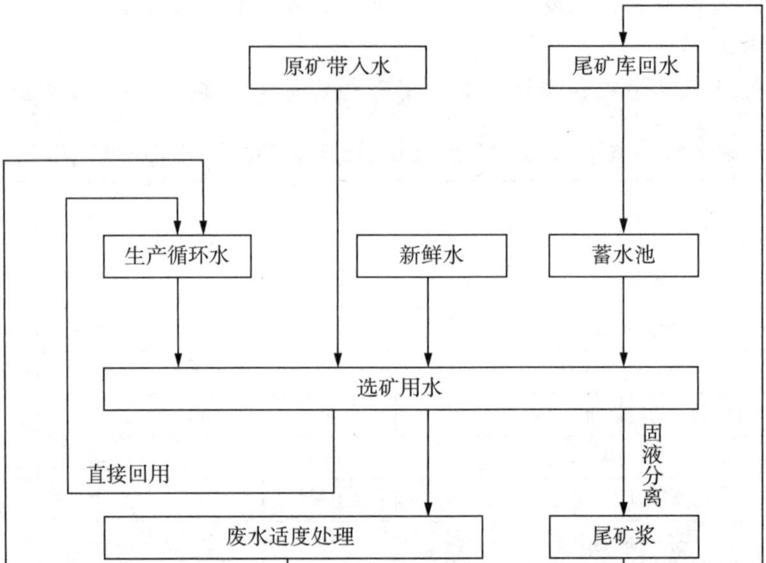

图7.3 矿物加工废水循环利用图

1）废水收集：矿物加工生产的废水可通过建设蓄水池、设置中水回收站、建立排水管网等方式进行收集。废水收集池或收集系统设计时需要考虑废水的流量、成分和排放时间等因素，能够全面、有效地收集矿物加工过程中产生的废水；废水进入收集系统之前，可以通过沉淀、过滤等方式去除废水中的悬浮物、重金属等有害物质，降低后续处理的难度和成本；加强废水收集系统的监测和管理，及时发现和处理废水收集过程中出现的问题，确保废水收集系统的正常运行和废水处理效果。

2）废水处理：矿物加工废水处理方法包括物理法、化学法和生物法。物理法主要利用重力、过滤、沉淀等手段去除废水中的悬浮物和颗粒物；化学法是通过添加化学药剂，使废水中的有害成分转化为无害物质或易于分离的形态；生物法则利用微生物的代谢作用降解废水中的有机污染物。

矿物加工废水处理通常包括预处理、深度处理和尾水回用等步骤。预处理主要是为满足污水处理场进水水质的要求，在进入污水处理场前，针对某些特殊污染物进行预处理，降低后续处理难度；深度处理指污水经预处理、二级处理后，为了达到更加严格的排放标准或为满足污水回用要求进一步去除废水中的有害物质，使其达到排放标准；尾水回用则是将处理后的废水进行再利用，提高水资源利用效率。

3）循环利用：经过处理的循环水可以再次用于矿山生产的不同环节，如矿物加工、冲洗设备、喷洒降尘等，也可以将循环水用于绿化、农业灌溉等非生产用途。同时还必须做到处理后的废水水质达到相关标准，以确保循环利用不会对生产过程和产品质量产生不良影响；废水循环利用过程中应严格控制废水的流量和浓度，以避免对生产系统造成冲击。

7.5.3 矿山粉尘排放浓度、排放速率及采样监测符合 GB 16297 规定的要求。固定产尘点加设除尘、捕尘设备抑制和处理采选加工过程中产生的粉尘，有害因素接触限值符合 GBZ 2.1 的规定

［解析］本条是对矿山粉尘管理的要求。

（1）相关标准

1）《水泥工业大气污染物排放标准》（GB 4915）规定了水泥制造企业（含独立粉磨站）水泥原料矿山、散装水泥中转站、水泥制品企业及其生产设施的大气污染物排放限值、监测和监督管理要求。

2）《工业炉窑大气污染物排放标准》（GB 9078）规定了 10 类 19 种工业炉窑烟（粉）尘浓度、烟气黑度、6 种有害污染物的最高允许排放浓度（或排放限值）和无组织排放烟（粉）尘的最高允许浓度。

3）《大气污染物综合排放标准》（GB 16297）规定了 33 种大气污染物的排放限值，其指标体系为最高允许排放浓度、最高允许排放速率和无组织排放监控浓度限值。

4）《煤炭工业污染物排放标准》（GB 20426）规定了采煤废水和选煤废水污染物排放限值；规定了煤炭工业地面生产系统大气污染物排放限值和无组织排放限值；规定了煤矸石堆置场管理技术要求；规定了煤炭矿井水资源化利用指导性技术要求。

5）《煤层气（煤矿瓦斯）排放标准》（GB 21522）规定了煤矿瓦斯排放限值及煤层气地面开发系统煤层气排放限值。

6）《铝工业污染物排放标准》（GB 25465）规定了铝工业企业生产过程中水污染物和大气污染物排放限值、监测和监控要求。适用于铝工业企业水污染和大气污染防治和管理。

7）《铜、镍、钴工业污染物排放标准》（GB 25467）规定了铜、镍、钴工业企业生产

过程中水污染物和大气污染物排放限值、监测和监控要求和水污染物特别排放限值。适用于铜、镍、钴工业企业水污染和大气污染防治和管理。

8）《铅、锌工业污染物排放标准》（GB 25466）规定了铅、锌工业企业生产过程中水污染物和大气污染物排放限值、监测和监控要求，以及水污染物特别排放限值。

9）《镁、钛工业污染物排放标准》（GB 25468）规定了镁、钛工业企业生产过程中水污染物和大气污染物排放限值、监测和监控要求，以及水污染物特别排放限值，适用于镁、钛工业企业水污染和大气污染防治和管理。

10）《稀土工业污染物排放标准》（GB 26451）规定了稀土工业企业水污染物和大气污染物排放限值、监测和监控要求，以及水污染物特别排放限值，适用于稀土工业企业水污染和大气污染防治和管理。

11）《铁矿采选工业污染物排放标准》（GB 28661）规定了铁矿采选生产企业或生产设施的水污染物和大气污染物排放限值、监测和监控要求。

12）《工作场所有害因素职业接触限值　第 1 部分：化学有害因素》（GBZ 2.1）规定了工作场所化学有害因素的职业接触限值。

（2）矿山粉尘排放浓度、排放速率及采样监测要求

依据《大气污染物综合排放标准》（GB 16297）的规定开展矿山粉尘排放浓度、排放速率及采样监测等工作，需要综合考虑多个方面的因素和要求。

A. 粉尘排放浓度。

对于颗粒物（粉尘）的排放浓度有严格的限值要求。具体限值可能因污染源设立的时间（如 1997 年 1 月 1 日前或后设立）而有所不同。一般来说，对于新设立的污染源，颗粒物排放浓度限值可能更为严格。例如，对于 1997 年 1 月 1 日后设立的污染源，颗粒物排放浓度限值可能设定为 50mg/m^3（具体数值需参考最新标准或当地环保部门的具体要求）。

B. 排放速率限值

颗粒物排放速率限值通常以 kg/h 为单位，具体数值同样取决于污染源设立的时间、排放方式（有组织排放或无组织排放）等因素。

C. 采样监测工作的要求

1）监测方法：对于矿山粉尘的采样监测，应采用符合国家标准的监测方法。一般来说，颗粒物监测可以采用重力法或光散射法等方法。具体方法的选择应根据实际情况和监测要求来确定。

2）监测设备：应符合国家相关标准，并定期进行校准和维护，以确保监测结果的准确性和可靠性。监测设备应包括采样器、分析仪器等必要设备。

3）采样位置：应根据粉尘排放的特点和监测要求来确定。一般来说，应在粉尘排放源的下风向设置采样点，并考虑风向、风速等因素对采样结果的影响。

4）采样频次：应根据实际情况和监测要求来确定。对于关键污染源或可能存在超标排放的情况，应增加采样频次，以便及时发现和解决问题。

D. 监测数据记录与报告

所有监测数据应及时记录并保存。监测报告应包括监测数据、监测方法、监测设备、采样位置、采样频次等信息，并报送当地环境保护主管部门。

（3）生产过程中大气污染物排放要求

A. 生产性粉尘的主要来源

1）固体物料经机械性撞击、研磨、碾轧而形成，经气流扬散而悬浮于空气中的固体微粒，如金属研磨、切削、钻孔、爆破、破碎、磨粉、农林产品加工等。

2）物质加热时生产的蒸汽在空气中凝结或被氧化形成的烟尘，如金属熔炼、焊接、浇铸等。

3）有机物质不完全燃烧形成的烟，如木材、油、煤类等燃烧时所产生的烟尘等。

B. 采矿产尘的环节

采矿场在穿孔、爆破和二次破碎、铲装、汽车运输、汽车卸载、破碎、装载机平整工作面及排土场等生产过程中都会产生大量的粉尘。露天采矿场具有产尘点多、产尘量大、空气含尘浓度高等特点，此外，露天采矿场粉尘还具有分散度高的特点。

1）钻机穿孔作业产尘：穿孔过程中，岩石破碎成粉末，如不采取措施，将产生较多粉尘。

2）爆破作业产尘：爆破作业时，矿岩由于受到药包爆破的巨大压力作用而粉碎，随后形成粉尘。爆破瞬间产生的粉尘量最大，但形成的高浓度粉尘在空气中的维持时间较短。

3）铲装作业产尘：一部分粉尘是沉落在矿岩表面上的，另一部分是摩擦、碰撞产生的粉尘因振动而扬起形成二次粉尘；另外，铲斗在向汽车卸料时由于落差也会产生大量粉尘。

4）破碎过程中产尘：矿石在破碎过程中产生大量粉尘，如果在此过程中不采取有力措施，其粉尘危害相当大，不但给从业人员的身体造成极大影响，而且会造成严重的粉尘污染。

C. 防尘措施

对矿山采矿无组织扬尘，应对铲、装、运各产尘点采取湿式作业；对矿山露采工作面、废石场等起尘面源采取洒水、覆盖抑尘等措施，并最终覆土，种植适宜植被以恢复生态。

1）凿岩防尘：优先采用除尘效率高的湿式凿岩。当不具备湿式凿岩条件时，可采用干式捕尘凿岩。干式捕尘凿岩分为在凿岩口以捕尘罩抽尘或在孔底抽尘两种形式。在不宜大量用水的情况下，可用泡沫除尘，即将泡沫压入孔底或喷在孔口，或将含尘空气引入泡沫除尘器净化。

2）爆破防尘：爆破矿石时产尘量最大，产尘时间集中。主要的防尘措施有喷雾洒水和水封爆破。喷雾洒水常采用爆破波启动喷雾器、净化水幕和水风引射器等。

3）装运防尘：矿石堆放、装岩机、装运机、铲运机、矿车、皮带机及溜井放矿、装车等作业均会产生大量粉尘，可采用喷雾洒水、密闭抽风等措施防止粉尘散发。

4）破碎防尘：对各式破碎设备工作时所产生的粉尘，在设备密闭的基础上，可采用湿法防尘与机械除尘联合除尘措施。机械除尘的净化设备采用袋式除尘器或湿式除尘器。地下破碎硐室除尘应选用湿式除尘器，当除尘系统的排风不能排至回风巷道或地面时，只能就地排放时，排风需经高效过滤器处理。

D. 生产系统安装高效除尘装置

1）破碎、筛分、给料系统均应设置在全密封车间内。采用袋式除尘器收尘、洒水降尘、集中负压除尘等设备设施进行综合治理。

2）在破（粉）碎、筛分、输送、配料等工艺过程中，连续产生粉尘的部位应安装高效除尘装置，主要有高效袋式除尘器负压收尘、抑尘机、导料槽等。砂石生产加工高效除尘设备配置具体参照表 7.12。

表 7.12　砂石生产加工高效除尘设备配置一览表

产尘工序	粉尘点及处理措施	配置设备
粗碎	卡车卸料口四面封闭，加装袋式收尘器负压收尘，加水雾和干雾	抑尘机、袋式除尘器
筛分	给料机、破碎机进料口加装布袋收尘器，加水雾	封闭、袋式除尘器
中细碎	局部封闭加装袋式收尘器，辅以水雾抑尘	封闭、抑尘机
转运站及皮带转接处	局部封闭加装袋式收尘器，辅以水雾抑尘 皮带转接处、皮带机进料口加导料槽，机尾加干雾，局部封闭加装袋收尘器	封闭、导料槽
堆场	全封闭，加装感应式高效水雾抑尘系统	封闭、雾尘封

3）生产中的物料运输应采用密闭皮带、密闭通廊，物料堆存于封闭式场所。

（4）矿山岗位粉尘浓度要求

常见矿山岗位粉尘浓度要求参照《工作场所有害因素职业接触限值　第 1 部分：化学有害因素》(GBZ 2.1)，详见表 7.13。

表 7.13　常见矿山岗位粉尘浓度要求一览表

序号	中文名	化学文摘号（CAS No.）	时间加权平均容许浓度（PC-TWA）/（$mg \cdot m^{-3}$）		临界不良健康效应	备注
			总粉尘	呼吸性粉尘		
1	白云石粉尘	—	8	4	尘肺病	—
2	大理石粉尘	1317-65-3	8	4	眼、皮肤刺激，尘肺病	—
3	硅灰石粉尘	13983-17-0	5	—	—	—
4	硅藻土粉尘（游离二氧化硅含量＜10%）	61790-53-2	6	—	尘肺病	—
5	石灰石粉尘	1317-65-3	8	4	眼、皮肤刺激，尘肺病	—

续表

序号	中文名	化学文摘号（CAS No.）	时间加权平均容许浓度（PC-TWA）/（$mg \cdot m^{-3}$）		临界不良健康效应	备注
			总粉尘	呼吸性粉尘		
6	硅尘 10% ≤游离二氧化硅含量≤ 50%	14808-60-7	1	0.7	硅肺	G1 结晶型
	硅尘 50% <游离二氧化硅含量≤ 80%		0.7	0.3		
	硅尘游离二氧化硅含量> 80%		0.5	0.2		
7	稀土粉尘（游离二氧化硅含量< 10%）	—	2.5	—	稀土尘肺，皮肤刺激	—
8	萤石混合性粉尘	—	1	0.7	硅肺	—
9	云母粉尘	12001-26-2	2	1.5	云母尘肺	—
10	珍珠岩粉尘	93763-70-3	8	4	眼、皮肤、上呼吸道刺激	—
11	蛭石粉尘	—	3	—	眼、上呼吸道刺激	—
12	重晶石粉尘	7727-43-7	5	—	眼刺激，尘肺病	—
13	其他粉尘	—	8	—	—	—

对表 7.13 做以下说明。

1）总粉尘简称为总尘，呼吸性粉尘简称为呼尘。

2）总尘为所有可进入整个呼吸道（鼻、咽、喉、胸腔支气管、细支气管和肺泡）的粉尘；为从技术上用总粉尘采样器按标准方法在呼吸带测得的所有粉尘；为用直径为 40mm 滤膜，按标准粉尘测定方法采样所得到的粉尘。

3）呼尘为能进入人体肺泡区的颗粒物；为只按呼吸性粉尘标准测定方法所采集的可进入肺泡的粉尘粒子。其空气动力学直径在 7.07μm 以下，空气动力学直径 5μm 的粉尘粒子的采样效率为 50%。

7.5.4 大宗物料和产品运输应优先采用铁路、水路、管道或管状带式输送机等清洁运输方式，运输道路沿途应设置洒水降尘设备，地面运输车辆及运输设备应采取降尘措施。废石和矿石周转场地具有配套的防尘设施

［解析］本条是对矿山企业绿色运输的要求。

（1）相关政策

《关于印发〈深入打好重污染天气消除、臭氧污染防治和柴油货车污染治理攻坚战行动方案〉的通知》（环大气〔2022〕68 号）的主要目的是“到 2025 年，全国重度及以上污

染天气基本消除；PM2.5 和臭氧协同控制取得积极成效，臭氧浓度增长趋势得到有效遏制；柴油货车污染治理水平显著提高，移动源大气主要污染物排放总量明显下降”。

（2）移动污染源控制

A. 移动源内容

移动污染源是指位置可移动且通过燃料燃烧或运行过程直接排放污染物的设施，主要包括各类交通工具（汽车、火车、飞机、船舶等）和非道路移动机械（工程机械、农业机械等）。根据《重污染天气重点行业应急减排措施技术指南》，移动源是指重型载货车、场内运输车辆、非道路移动机械。

1）重型载货车：《重型柴油车污染物排放限值及测量方法（中国第六阶段）》（GB 17691）范围内装用压燃式气体燃料点燃发动机的 N1、N2 和 N3 汽车。

2）场内运输车辆：在企业厂区范围内（含码头，货场等生产作业区域和施工现场）的作业车辆。

3）非道路移动机械：自驱动具有双重功能，不能自驱动（装载机、推土机、压路机、沥青摊铺机、非公路用卡车、挖掘机、叉车等）农用机械、林业机械、材料装卸机，雪犁、机场地勤设备等。

B. 主要污染物类型

1）尾气排放：发动机燃烧产生的氮氧化物（NO_x）、一氧化碳（CO）、碳氢化合物（HC）、硫氧化物（SO_x）及颗粒物（PM）。

2）蒸发排放：燃料蒸气逸散形成的挥发性有机物（VOCs），以及曲轴箱泄漏的污染物。

3）其他污染：部分设备运行中产生的噪声污染和废水排放。

C. 移动源控制方案

矿石的运输方式应结合矿山地形地质条件、岩石特性、开采方案、运输强度等因素选择运输方案。

1）当矿山开采高度较低，易形成开采工作面和安全行车运输道路时，宜采用矿山公路自卸汽车运输方案。

2）当矿山储量集中但开采高差大、自然边坡陡，不易形成至开采工作面的运输道路时，可采用溜井加隧道带式输送方式。

3）矿物加工生产线距离矿山较远，周边环境不宜运矿车辆密集通行的，可选择将粗碎设备安装在靠近矿山的适当位置，加装胶带及皮带廊运输系统、铁路运输，将粗碎的石料输送至生产线半成品缓存料仓。

（3）运输道路防尘

针对采、选运输扬尘，应在出厂（场）处设车辆冲洗设施对出厂车辆冲洗除泥；矿石装载不高于车厢、加盖帆布，以控制矿石运输的扬尘与抛洒污染。在所经村庄处应配置专人及时清扫路面，并定时洒水防尘。在通过村庄时应谨慎慢行，减少车辆颠簸引起矿石抛洒。

（4）贮存场所粉尘排放

A. 废石或矿石临时堆放场对大气环境的影响

露天矿剥离表层岩石及井工开采的工业广场建设、矿区道路建设、建井及采矿等工程均排弃废石。废石数量大，多在采矿现场就地堆放，废石临时堆放不仅直接占用土地，污染土壤和水体，易导致滑坡、泥石流等灾害，同时也会对周围大气环境产生影响。

废石堆放对大气的污染主要表现在粉尘污染和废气污染两个方面。

a. 粉尘污染

进入人肺部的微小粉尘可长期赋存并对呼吸作用产生慢性影响；粉尘落到植被和作物表面，可妨碍其光合作用；粉尘浓度高时可影响人和动物的呼吸。矿区大量堆存的尾粉、尾砂、废石是最重要的粉尘污染源，尤其是干燥多风季节更严重，尾粉尾砂和细石的细小颗粒在风力作用下随风起尘，加重了矿区的污染。

b. 煤矸石堆自燃引起的废弃气污染

在煤矿区，经日晒雨淋、风化剥蚀，煤矸石中所含的黄铁矿被空气氧化，放出的热量促使煤矸石中所含煤炭风化以致自燃。煤矸石自燃时可释放出硫化氢、二氧化硫、一氧化碳、二氧化碳等。

B. 废石或矿石临时堆放场大气污染防治措施

a. 废石场的防尘措施

废石场的扬尘量与矿石的密度、粒度、湿度、风速等条件有关，防尘主要采用洒水抑尘的方法，一般对于硬岩、大块的废石，采用水枪冲洗比较合适，对于软质、易扬尘的岩土，采用洒水器比较合适。

此外，在废石堆物料表面喷洒覆盖剂也是一种效果不错的抑尘方法，由于覆盖剂和废石间具有黏结力，互相渗透扩散，在化学键力和物理吸附作用下，废石表面形成薄层硬壳，可防止风吹、雨淋、日晒引起的扬尘。覆盖剂的物料组成主要是焦油、酸焦油、防腐油、聚乙酸乙烯、乳化剂和水等。

b. 煤矸石山自燃的防治措施

煤矸石山自燃的预防主要是从煤矸石的不同堆放方法研究入手，许多国家通过采用分层压实方法堆放煤矸石，边堆边压实，同时对边坡进行绿化，通过控制煤矸石的压实程度隔绝空气，解决煤矸石山的自燃问题。对于含硫量高的煤矸石堆，应采用石灰浆、黏土浆等灌注其空隙以隔绝空气，抑制自燃。对于含碳量高的煤矸石，应采用分选回收煤炭或作为沸腾炉燃料燃烧。然而避免或减少煤矸石自燃的根本途径是加快煤矸石的资源化利用。

c. 其他

企业也常采用加盖塑料防尘网的方法抑制露天扬尘。

7.5.5 对矿区的高噪声设备应采取降噪处理，应采取环境风险防范措施，厂界噪声排放限值符合 GB 12348 规定的要求

［解析］本条是对矿山噪声管理的相关要求。

（1）相关标准

1）《工业企业厂界环境噪声排放标准》（GB 12348）规定了工业企业和固定设备厂界环境噪声排放限值及其测量方法，明确工业企业厂界环境噪声不得超过排放限值。

2）《工作场所有害因素职业接触限值　第2部分：物理因素》（GBZ 2.2—2007）规定了工作场所中物理因素的职业接触限值，包括超高频辐射、高频电磁场、工频电场、激光辐射、微波辐射、紫外辐射、高温作业、噪声、手传振动、煤矿井下采掘工作场所气象条件、体力劳动强度分级、体力工作时心率和能量消耗的生理限值等。这些限值旨在保护劳动者免受物理性职业性有害因素危害，预防职业病。适用于存在或产生物理因素的各类工作场所。

3）《铁路边界噪声限值及其测量方法》（GB 12525—90）规定了城市铁路边界噪声的限值及其测量方法。适用于城市铁路边界噪声的评价。铁路边界定义为距铁路外侧轨道中心线30m处。

（2）产生噪声场所

噪声是一种环境污染，它被认为是仅次于大气污染和水污染的第三大公害。噪声污染是指所产生的环境噪声超过国家规定的环境噪声排放标准，并干扰他人正常工作、学习、生活的现象。日常生活中的噪声强度虽然不会致人或动物于死地，却能危害人的健康。世界各国都很重视噪声问题，把噪声污染列为主要的环境污染公害之一。

A. 矿山噪声源分类

1）按噪声产生的地点，分为地表噪声源和井下噪声源。

2）按噪声产生的原因，分为设备噪声源和非设备噪声源：①设备噪声源包括扇风机、空气压缩机（简称空压机）、凿岩设备、装卸设备、运输设备和破碎设备等；②非设备噪声源包括爆破，压气管线中压气的排放和泄漏，片帮、冒顶和放顶，以及矿石倾卸到矿仓、溜井、溜槽中的滚动和撞击噪声等。

B. 高噪声设备

噪声主要包括矿石挖掘、破碎、装运、矿石加工过程中各种机械设备产生的噪声，以及运输车辆的交通噪声和爆破过程中产生的爆破噪声。

高噪声设备主要包括凿岩、破碎设备、筛分设备、风机、空压机、排水泵、运输设备等。

矿山企业应将高噪声设备所在的工作场列出清单，并逐步改进。

C. 岗位噪声要求

《工业企业噪声卫生标准（试行草案）》第五条要求，工业企业的生产车间和作业场所的工作地点的噪声标准为85dB（A），现有工业企业经过努力暂时达不到标准时，可适当放宽，但不得超过90dB（A）。《工作场所有害因素职业接触限值　第2部分：物理因素》（GBZ 2.2—2007）所规定的工作场所噪声接触限值如下：日接触时间8h接触限值为85dB（A），日接触时间4h接触限值为88dB（A），日接触时间2h接触限值为91dB（A），日接触时间1h接触限值为94dB（A）。

《工业企业噪声卫生标准（试行草案）》第十条要求，在现有工业企业中，凡噪声超过本标准规定的生产车间和作业场所，必须采取行之有效的控制措施，限期达到本标准要求。在未达到标准前，厂矿企业必须发放个人防护用品，以保障工人健康。

（3）噪声处置

主要采用吸声、隔声、减振、隔振等技术措施，对高噪声设备进行降噪处理，具体有以下十种。

1）高噪声设备宜相对集中地布置在远离管理区和生活区的地段。

2）产生高噪声的车间应与低噪声的车间分开布置。

3）产生高噪声的生产设施周围宜布置对噪声较不敏感、高大、朝向有利于隔声的建筑物、构筑物等。

4）根据实际情况因地制宜地采用下沉式设计，加装减震、消声装置进行降噪。

5）在噪声明显的关键部位或厂界附近，对高噪声设备采用部分或整体封装，在隔声屏罩、隔声围护结构内加装吸音材料等。

6）控制风机噪声的常用方法是在风机的进、出口处安装阻性消声器。对于有更高降噪要求的场合采用消声隔声箱，并在机组与地基之间安置减震器。

7）降低空压机的噪声的措施是因地制宜地设计安装隔声罩，以及在进出风口安装消声器等。

8）控制电机噪声的措施有安装隔声罩；改变电机冷却风扇结构，如改变叶片和风叶直径、减少叶片数量；安装消声器等。

9）控制凿岩设备噪声的措施有在凿岩机排气口安装轻型消声器、用泡沫氯丁橡胶制成钎杆套、用隔噪外罩封闭凿岩机机体外壳、在台车上设置隔声操作间。

10）控制主排水泵噪声的措施有水泵房内墙壁四周及机房顶部装设吸隔音板并用轻钢龙骨固定；机房与其他室内相通孔洞严密堵塞，避免空气传声；保障机房门、窗的密闭性；水泵加隔音罩；水泵底部安装隔振平台。

（4）噪声排放标准

矿区噪声执行《工业企业厂界环境噪声排放标准》（GB 12348）中两类声环境功能区标准，即昼间 60dB（A）、夜间 50dB（A）；《铁路边界噪声限值及其测量方法》（GB 12525）中的标准限值，即昼间 70dB（A）、夜间 70dB（A）。

1）工业企业厂界环境噪声不得超过表 7.14 所示的排放限值。

表 7.14　工业企业厂界环境噪声排放限值一览表　　单位：dB（A）

厂界外声环境功能区类别	昼间	夜间
0	50	40
1	55	45
2	60	50
3	65	55
4	70	55

2）夜间频发噪声的最大声级超过限值的幅度不得高于 10dB（A）。夜间偶发噪声的最大声级超过限值的幅度不得高于 15dB（A）。

3）工业企业若位于未划分声环境功能区的区域，当厂界外有噪声敏感建筑物时，由当地县级以上人民政府参照《声环境质量标准》（GB 3096）和《声环境功能区划分技术规范》（GB/T 15190）的规定确定厂界外区域的声环境质量要求，并执行相应的厂界环境噪声排放限值。

4）当厂界与噪声敏感建筑物距离小于 1m 时，厂界环境噪声应在噪声敏感建筑物的室内测量，并将表 7.14 中相应的限值减 10dB（A）作为评价依据。

声环境功能区的适用范围按区域的使用功能特点和环境质量要求，分为以下五种类型。

0 类声环境功能区：指康复疗养区等特别需要安静的区域。

1 类声环境功能区：指以居民住宅、医疗卫生、文化教育、科研设计、行政办公为主要功能，需要保持安静的区域。

2 类声环境功能区：指以商业金融、集市贸易为主要功能，或者居住、商业、工业混杂，需要维护住宅安静的区域。

3 类声环境功能区：指以工业生产、仓储物流为主要功能，需要防止工业噪声对周围环境产生严重影响的区域。

4 类声环境功能区：指交通干线两侧一定距离之内，需要防止交通噪声对周围环境产生严重影响的区域，包括 4a 类和 4b 类两种类型。4a 类为高速公路、一级公路、二级公路、城市快速路、城市主干路、城市次干路、城市轨道交通（地面段）、内河航道两侧区域；4b 类为铁路干线两侧区域。

（5）监测点要求

一般来说，对于工业企业厂界噪声监测点位置的选取，需要综合考虑声源位置、周围噪声敏感建筑物的布局，以及毗邻的区域类别。但是必须包括距噪声敏感建筑物较近，以及受被测声源影响大的位置。

1）一般情况下，测点选在工业企业厂界外 1m、高度 1.2m 以上、距任一反射面距离不小于 1m 的位置。

2）当厂界有围墙时，如果周围有受影响的噪声敏感建筑物，测点应选在厂界外 1m、高于围墙 0.5m 以上的位置。

3）在室内进行噪声测量时，室内测量点位设在距任一反射面 0.5m 以上、距地面 1.2m 高度处，在受噪声影响方向的窗户开启状态下进行测量。

4）在噪声敏感建筑物室内进行测量时，测点应距任一反射面 0.5m 以上、距地面 1.2 ~ 1.5m 高、距外窗 1m 以上，窗户关闭状态下测量。

5）在使用监测车辆进行测量时，传声器应固定在车顶部 1.2m 的高度上。

6）在路段进行噪声测量时，测点选在路段两路口之间，距任一路口的距离大于 50m，路段不足 100m 时选路段中点，测点位于人行道上距路面（含慢车道）20cm 处，监测点位高度距地面为 1.2 ~ 6.0m。

8 生态修复

8.1 地质环境保护与土地复垦方案

8.1.1 应编制矿山地质环境保护与土地复垦方案并经审查通过。依据矿山地质环境保护与土地复垦方案应制定矿山土地复垦与生态修复年度计划并按要求进行报告。应按标准足额计提矿山地质环境治理恢复基金并规范使用，统筹用于开展矿山地质环境恢复治理和土地复垦

［解析］本条是对土地复垦的总体要求。

（1）相关标准的内容

1）《土地复垦质量控制标准》（TD/T 1036）规定了露天采矿、烧制砖瓦、挖沙取土等地表挖掘所损毁的土地；地下采矿等造成地表塌陷的土地；堆放采矿剥离物、废石、矿渣、粉煤灰、冶炼渣等固体废弃物压占的土地；能源、交通、水利等基础设施建设和其他生产建设活动临时占用所损毁的土地；洪水、地质灾害等自然灾害损毁的土地；法律规定的其他生产建设活动造成损毁的土地复垦应遵循的技术要求和应达到的质量要求。

2）《矿山生态修复技术规范》（TD/T 1070）规定了煤炭、金属、建材、化工、稀土、油气等行业生态修复技术规范。

3）《关于做好矿山地质环境保护与土地复垦方案编报有关工作的通知》（国土资规〔2016〕21号）要求矿山企业的矿山地质环境保护与治理恢复方案和土地复垦方案合并编报。“矿山地质环境保护与土地复垦方案”要明确目的、要求、方式、方法，制定矿山地质环境综合治理的具体实施计划，全面实现矿山沉陷范围的管控和治理。

4）财政部、国土资源部、环境保护部联合印发的《关于取消矿山地质环境治理恢复保证金 建立矿山地质环境治理恢复基金的指导意见》（财建〔2017〕638号），明确取消保证金制度，以基金的方式筹集治理恢复资金，专项用于矿山地质环境治理恢复与监测。基金的使用范围为矿山地质环境治理恢复，并对基金账户的设立、计提、使用等方面做了具体要求。《土地复垦条例实施办法》（2019年修正）调整了基金使用范围，明确“采矿生产项目的土地复垦费用预存，统一纳入基金进行管理”，从而影响了基金对矿山企业履行修复义务的激励和约束效果。

（2）矿山地质环境保护与土地复垦方案

A. 方案主体

方案以采矿权为单位进行编制，即一个采矿权编制一个方案。方案名称为：矿业权人名称+矿山名称+矿山地质环境保护与土地复垦方案。

B. 方案编制

采矿权申请人在申请办理采矿许可证前，应当自行编制或委托有关机构编制矿山地质环境保护与土地复垦方案。

在办理采矿权变更时，涉及扩大开采规模、扩大矿区范围、变更开采方式的，应当重新编制或修订矿山地质环境保护与土地复垦方案。

在办理采矿权延续时，矿山地质环境保护与土地复垦方案超过适用期或方案剩余服务期少于采矿权延续时间的，应当重新编制或修订。矿山企业原矿山地质环境保护与治理恢复方案和土地复垦方案其中一个超过适用期的或方案剩余服务期少于采矿权延续时间的，应重新编制矿山地质环境保护与土地复垦方案。

矿山地质环境保护与土地复垦方案的编制按照《矿山地质环境保护与土地复垦方案编制指南》执行。矿山企业在编制矿山地质环境保护与土地复垦方案过程中，应当充分听取相关权利人的意见。

C. 方案审查

采矿权申请人或采矿权人编制的矿山地质环境保护与土地复垦方案，应按采矿权发证权限，申报具有相应审批权的自然资源主管部门组织审查。审查费用列入部门预算，不得向矿山企业和编制单位收取费用。

组织审查的国土资源主管部门应建立完善方案评审专家库，委托具有一定技术力量的事业单位或行业组织承担具体评审工作，并向社会公告。

评审单位应按相关法律法规、技术规范和相关文件要求，在评审时限内，公平、公开、公正地组织评审工作。地质环境保护要重点评审矿区地面塌陷、地裂缝等地质灾害、含水层破坏、地形地貌景观破坏等内容；土地复垦要重点评审节约集约利用土地和保护耕地情况，促进损毁土地优先复垦为耕地，达到可供利用状态。

有关国土资源主管部门应将评审结果向社会公示，公示期7个工作日。在公示期满无异议后，及时向社会公告审查结果。公示期内存在异议的，有关国土资源主管部门应当组织核实并提出处理意见。

矿山企业和编制单位应对方案所引用相关数据的真实性负责，并按国家相关保密规定对社会公示文本进行相应处理。

D. 监督管理

矿山企业应当依据经审查通过的方案，开展矿山地质环境保护与土地复垦工作，于每年12月31日前向县级以上国土资源主管部门报告当年矿山地质环境保护与土地复垦情况。

自然资源部将按照《国土资源部随机抽查事项清单》的规定，加强对经部审查的矿山地质环境保护与土地复垦方案执行情况的监督检查。

地方各级国土资源主管部门要加强对方案编制审查工作的组织领导和对方案实施情况的监督管理，按照“双随机、一公开”要求，督促矿山企业切实履行地质环境保护与土地复垦义务。矿山企业不复垦或者复垦不符合要求的，应当依法缴纳土地复垦费。对未按规定履行地质环境治理与土地复垦义务的矿山企业，列入矿业权人异常名录或严重违法名单，责令整改。整改不到位的，不得批准其申请新的采矿许可证或者申请采矿许可证延续、变更、注销，不得批准其申请新的建设用地。

矿山地质环境保护与治理恢复方案的执行情况需列入矿业权人勘查开采信息公示系统。

E. 主要内容

1）矿山基本情况。

2）矿区基础信息。

3）矿山地质环境影响和土地损毁评估。

4）矿山地质环境治理与土地复垦可行性分析。

5）矿山地质环境治理与土地复垦工程。

6）矿山地质环境治理与土地复垦工作部署。

7）经费估算与进度安排。

8）保障措施与效益分析。

9）结论与建议。

在办理采矿权延续登记时，《矿山地质环境保护与土地复垦方案》超过适用期或方案剩余服务期少于采矿权延续时间的，应当重新编制或修订。

（3）年度计划内容

A. 年度计划概述

a. 年度背景与目标

背景：概述矿山地质环境现状及存在的问题，如地质灾害隐患、含水层破坏、地形地貌景观破坏、土壤环境污染等。

目标：明确本年度矿山地质环境保护与土地复垦工作的具体目标，如地质灾害防治、含水层保护、地形地貌景观恢复、土地复垦面积和植被覆盖率提升等。

b. 年度计划依据

法律法规：依据《矿山地质环境保护与恢复治理方案编制规范》等相关法律法规。

总体部署：根据矿山地质环境保护与土地复垦方案的总体部署和阶段划分。

实际情况：结合矿山地质环境的实际状况、开采计划、资金筹措等因素。

B. 年度主要工作任务

a. 地质灾害防治

监测与预警：在矿山地质灾害隐患点设置监测点，采用专业监测设备和人工巡查相结合的方式，实时监测地质灾害隐患点的变化情况。

工程治理：对滑坡、崩塌、泥石流等地质灾害隐患点采取工程治理措施，如削坡减载、设置挡土墙、抗滑桩等。

应急准备：制定地质灾害应急预案，组建应急抢险队伍，储备必要的应急物资和设备。

b. 含水层保护

监测与保护：对矿区含水层进行定期监测，掌握水位、水质等变化情况，防止因采矿活动造成含水层破坏。

水资源管理：加强矿区水资源管理，提高水资源综合利用率，减少对地下水的开采。

废水处理：对矿山废水进行处理，确保废水达标排放，防止水土环境污染。

c. 地形地貌景观恢复

景观修复：对采矿活动破坏的地形地貌进行修复，如回填采坑、平整土地、恢复植被等。

绿化建设：在矿区及周边区域进行绿化美化，提高植被覆盖率，改善矿区生态环境。

生态恢复：采取措施促进矿区生态系统的恢复，如恢复湿地、建设生态廊道等。

d. 土地复垦

复垦规划：根据矿山开采计划和土地损毁情况，制定土地复垦规划，明确复垦面积、复垦方向和复垦措施。

复垦实施：按照复垦规划，实施土地平整、覆土、植被重建等复垦工程。

复垦监测：对复垦土地进行监测，掌握复垦效果，及时调整和优化复垦措施。

e. 监测与管理

监测网络建设：完善矿山地质环境监测网络，实现对矿山地质环境变化的实时监测和预警（王存飞等，2024）。

数据收集与分析：收集和分析监测数据，为矿山地质环境保护与土地复垦工作提供科学依据。

监督与管理：加强对矿山地质环境保护与土地复垦工作的监督和管理，确保各项工作按计划进行。

C. 年度经费预算

经费估算：根据年度主要工作任务和工程量，估算年度经费预算，包括监测费用、治理费用、复垦费用、管理费用等。

资金筹措：明确资金筹措渠道，如政府补助、企业自筹、社会捐助等。

经费使用与管理：制定经费使用计划和管理制度，确保经费的合理、有效使用。

D. 年度进度安排

工作节点：明确年度计划的关键工作节点和时间要求，如监测点的设置、工程治理的开始和结束时间、复垦工程的实施进度等。

责任分工：明确各项工作的责任单位、责任人和完成时限，确保各项工作的顺利推进。

监督检查：建立监督检查机制，定期对年度计划的实施情况进行监督检查，及时发现问题并督促整改。

（4）矿山地质环境保护与土地复垦情况年度报告

根据《国土资源部办公厅关于做好矿山地质环境保护与土地复垦方案编报有关工作的通知》(国土资规〔2016〕21号）第四条第（一）款：“矿山企业应当依据经审查通过的方案，开展矿山地质环境保护与土地复垦工作，于每年12月31日前向县级以上国土资源主管部门报告当年矿山地质环境保护与土地复垦情况”，以及《土地复垦条例实施办法》(2019年修正）第二十二条中：“土地复垦义务人应当于每年12月31日前向所在地级县自然资源主管部门报告当年的土地损毁情况、土地复垦费用、使用和管理情况，以及土地复垦实施情况”。

年度报告中需包含以下内容：①矿山基本情况（采矿权人名称，矿山法人信息，矿山地理位置及面积范围、坐标等，采矿许可证编号及有效期限，矿山地质环境保护与土地复垦方案名称及服务年限、治理与土地复垦计划等）；②本年度完成的矿山地质环境治理恢复与土地复垦情况；③符合申请矿山地质环境治理恢复与土地复垦工程验收条件的矿山面积范围；④下一年度矿山地质环境治理恢复与土地复垦工程计划。

（5）矿山地质环境恢复治理基金

矿山地质环境治理恢复基金制度是对生产矿山生态修复资金保障途径的优化，实施基金制度旨在实现减轻企业负担和落实企业修复主体责任的双重目标。矿山地质环境恢复治理基金是为了应对和解决长期矿产资源开发利用所造成的矿山地质环境破坏问题，由国家或地方政府设立的专门用于矿山地质环境治理、土地复垦和生态修复等工作的资金池。该基金的设立目的在于确保有足够的资金来源，用于支持矿山关闭后的环境整治和后续的生态恢复工作，从而减轻矿业活动对自然环境和人类健康的长期影响。

A. 基金账户

矿山企业需在其银行账户中设立基金账户，基金专户开设情况报属地县级财政、自然资源、生态环境等部门备案。

矿山应承诺基金专项用于矿山地质、生态等环境治理恢复和监测，并能单独反映基金的提取情况。

矿山企业的基金提取、使用列入矿业权人勘查开采信息公示系统。

B. 基金提取比例

探矿权人为企事业单位法人的，按探矿权出让收益的5%提取；各级政府出资委托相关地质勘查部门探矿，探矿权人为各级政府的，由项目实施的地质勘查部门建立基金专户，按委托合同费用的5%提取。

直接销售原矿：季度（年度）应提取基金数额＝原矿季度（年度）销售收入 × 矿种系数 × 影响系数；非直接销售原矿：季度（年度）应提取基金数额＝季度（年度）深加工产品销售收入 ×70%× 矿种系数 × 影响系数。

矿种系数依据开采矿种、对矿山环境破坏影响等因素来综合确定；影响系数依据开采方式、开采矿种及开采活动对矿区内环境影响等因素来综合确定。

开采两种以上矿产资源且空间位置不重叠的，按照不同矿种系数分别提取基金。

采矿权人变更开采矿种、开采方式、开采规模及开采范围的，应当按照变更后的开采矿种、开采方式、开采规模及开采范围重新确定基金提取标准。

C. 矿山地质环境治理恢复基金的用途

1）废弃矿山的地质环境治理恢复工程：这部分资金用于对已经关闭或废弃的矿山进行环境治理，包括但不限于土地平整、植被恢复、土壤改良等，以减少或消除废弃矿山对周围环境的污染和破坏。

2）生产矿山的土地复垦、生态修复和环境保护设施建设：对于仍在生产的矿山，资金用于矿区土地的复垦工作，恢复其原有的生态功能；以及建设必要的环保设施，如废水处理厂、废气处理装置等，以减少生产过程中对环境的负面影响。

3）矿山周边地区长期矿产资源开发导致的地质环境破坏和生态环境问题的治理：这部分资金用于解决长期矿产开发活动导致的周边地区的环境问题，如水源地保护、地面塌陷治理、历史遗留的环境污染治理等。

4）与矿产资源开发利用直接相关的其他地质环境治理恢复项目：这包括了所有与矿产资源开采直接相关的地质环境治理项目，例如，对矿区基础设施的建设和维护，对矿区周边社区的环境改善项目等。

5）监管和管理费用：一部分资金也可能用于治理恢复基金的征收、使用和管理等方面产生的监管和管理费用。

需要注意的是，具体的使用范围和比例可能会根据国家政策的调整、地方实际情况以及资金的筹集情况有所不同。此外，为了确保资金的合理使用和有效监督，地方通常会有详细的管理办法和使用规定来指导和规范治理恢复基金的使用。

8.1.2 按照“边开采、边修复”要求，依据矿山地质环境保护与土地复垦方案总体部署，应制定年度计划并落实。能够分区、分期开展生态修复的矿山，应按要求分区、分期开展生态修复并及时进行阶段验收

［解析］本条是对生态修复工作的落实的要求。

（1）相关标准

1）《矿山生态环境保护与恢复治理技术规范（试行）》（HJ 651）规定了矿产资源勘查与采选过程中，排土场、露天采场、尾矿库、矿区专用道路、矿山工业场地、沉陷区、矸石场、矿山污染场地等矿区生态环境保护与恢复治理的指导性技术要求。

2）《生态保护修复成效评估技术指南（试行）》（HJ 1272）规定了生态保护修复成效评估的原则、技术流程、指标与方法，以及报告编写等要求。

3)《土地复垦质量控制标准》(TD/T 1036)见8.2。

(2)年度计划

A.“边开采、边修复”要求

“边开采、边治理、边恢复”的原则是“规划、开采、治理”相结合的矿山治理模式，使环境治理变被动性治理为主动性治理，使生态功能修复从事后变为事中或事前，结合环境前期治理规划，实施资源保护性开发，体现“在开发中保护，在保护中开发”的指导思想。

B.矿山地质环境保护与土地复垦方案总体部署

矿山地质环境保护与土地复垦方案的总体部署重点要考虑方案的总体原则、目标任务及阶段划分的内容。

a.总体原则

坚持“预防为主，防治结合”，“在保护中开发，在开发中保护”，以及“因地制宜，边开采边治理”等原则。

b.目标任务

矿山地质灾害得到有效预防和控制；建立矿山地质环境监测网，对含水层、地形地貌景观、土壤环境污染、地质灾害等进行监测；实现土地复垦目标，恢复土地的生产和生态功能。

c.阶段划分

近期阶段（一般为前5年）：重点实施地质灾害监测、地下水监测、地形地貌景观监测及土壤环境污染监测等措施。

中远期阶段：生产与保护治理同步，停采后全面治理，包括废石场削坡、建筑废弃物拆除、清运、回填井筒，以及高位水池、井口封堵等工程。

C.年度计划的主要内容

编制矿山地质环境保护与土地复垦方案的年度计划后，需要采取切实有效的措施，确保计划得到落实。

1）资金保障：矿山企业应按照年度计划的要求，及时筹措资金，确保各项工作的顺利开展。

2）工程施工：矿山企业应按照年度计划的要求，组织专业的施工队伍，确保工程质量和进度。加强对工程施工过程的监督和管理，确保各项工作符合规范和要求。

3）监测与管理：建立完善的监测网络，定期对矿山地质环境和土地复垦效果进行监测和评估。及时发现和解决问题，确保各项工作达到预期效果。

4）公众参与监督：加强与周边居民和社区的沟通与联系，广泛征求公众意见和建议。鼓励公众参与矿山地质环境保护与土地复垦工作，共同推动矿区的可持续发展。

5）验收与评估：年度计划实施结束后，组织专家进行验收和评估，总结工作经验和教训。根据验收和评估结果，及时调整和完善下一年度计划。

(3)分区、分期开展生态修复开展工作

《中华人民共和国矿产资源法》要求，矿区生态修复能够分区、分期进行的，应当分区、分期进行；不能分区、分期进行的，应当在矿山闭坑前或者闭坑后的合理期限内及时进行。

对于那些具备条件可以分区、分期开展生态修复的矿山，应当按照相关要求，将修复工作划分为不同的区域和阶段进行。其目的是更好地管理修复工程，确保每个区域和阶段的修复工作都能得到充分的关注和有效的执行。同时，在完成每个阶段或区域的修复工作后，应及时进行阶段验收。阶段验收是对修复工作成果的一种检验和确认，通过验收可以及时发现并纠正存在的问题，确保修复工作按照既定的目标和要求进行，最终达到预期的生态修复效果。

A. 必要性

矿山地质环境复杂且生态破坏程度不一，开采活动又往往持续较长时间，因此，根据实际情况将生态修复工作分区、分期进行显得尤为必要。这样做针对性强，能根据不同区域特点制定修复措施；灵活性高，可根据开采进度和资金状况安排修复工作；同时便于管理，能明确责任分工，加强监督，确保修复工作按计划有序进行。

B. 工作开展

在进行生态修复前，需对矿山进行详细的生态环境调查与分析，结合矿区特点科学制定修复方案。随后，根据调查结果将矿山划分为不同修复区域，针对各区域特点制定具体修复措施和施工方案，确保修复工作有序进行。在修复过程中，定期评估修复效果，根据评估结果及时调整方案和措施，以确保修复工作达到预期目标。

C. 阶段验收

在完成每个阶段或区域的矿山生态修复工作后，应及时向相关部门提交验收申请，包括修复工作的完成情况、自评估报告等相关材料。相关部门应委托专业中介机构或组织专家小组，能涵盖生态、地质、土壤、植被等领域的专家及当地居民代表，对修复区域进行现场勘查和资料审查。根据验收标准和现场勘查结果，对修复效果进行全面评估，包括土壤质量、植被恢复、水土保持、生物多样性恢复等方面。随后，形成详细的验收报告，总结修复成果与不足，并提出改进建议。最后，将验收结果向社会公布，接受监督，并为验收合格的修复区域颁发相关证书或标志。

8.2 生态修复的要求

8.2.1 因地制宜，分类施策，在符合国土空间规划与管控要求基础上，宜林则林、宜耕则耕、宜水则水、宜建则建、宜荒则荒，对矿产资源开采损毁土地开展土地复垦和生态修复，使矿山地质环境达到安全稳定、损毁土地得到复垦利用、生态系统功能得到恢复或改善。复垦和生态修复时优先使用当地物种

［解析］本条是对生态修复的结果进行的要求。

（1）相关标准

1）《土地复垦质量控制标准》（TD/T 1036）。

2）《矿山生态修复技术规范　第1部分：通则》（TD/T 1070.1）。

（2）国土空间规划与管控

国土空间规划与管控要求是一个国家或地区对土地利用和空间发展进行系统性、综合性和长期性规划与管理的重要手段。涉及土地的合理利用、土地的开发与保护、城乡空间的组织和调整等方面，旨在通过科学合理的规划，促进国土资源的合理配置、生态环境的保护、经济社会的可持续发展和人民福祉的提升。

A. 国土空间规划的内容

国土空间规划的内容包括土地利用总体布局、城镇体系规划、生态环境保护规划、资源利用与保护规划、交通运输规划等。其中，土地利用总体布局是国土空间规划的核心，通过对土地利用类型、空间分布和功能定位的规划，指导土地的合理利用和城乡发展。

B. 国土空间管控要求

1）国土空间管控要求是在国土空间规划的基础上，对国土空间利用和开发行为进行约束和管理的规定。

2）空间用途管制。明确各类国土空间的用途管制规则，确保国土空间按照规划确定的用途进行利用和开发。

3）"三区三线"划定。划定生态保护红线、永久基本农田、城镇开发边界等空间管控边界，强化底线约束，为可持续发展预留空间。

4）资源环境承载能力和国土空间开发适宜性评价。开展资源环境承载能力和国土空间开发适宜性评价，为国土空间规划提供科学依据。

5）实施监测与评估。依托国土空间基础信息平台，建立健全国土空间规划动态监测评估预警和实施监管机制，确保规划的有效执行。

（3）生态修复的原则

A. 因地制宜，分类施策

因地制宜，分类施策是指在生态修复过程中，根据不同地区的自然环境、生态状况、社会经济条件等因素，制定出具有针对性和适应性的修复方案。这一原则强调在生态修复中要充分考虑地域差异性，避免一刀切的做法，以实现精准、高效的修复效果。同时还可以避免盲目修复和无效投入，提高修复效率和质量。

在进行生态修复前，必须深入了解当地的气候、地形、土壤、水文等自然条件，全面掌握自然环境状况；同时准确诊断不同地区生态系统存在的破坏和干扰问题，明确修复的重点和难点；并在此基础上，根据具体情况制定差异化的修复方案，充分考虑当地的自然条件、生态状况和社会经济条件，确保修复措施的科学性和可行性。

B. 宜林则林、宜耕则耕、宜水则水、宜建则建、宜荒则荒

宜林则林、宜耕则耕、宜水则水、宜建则建、宜荒则荒是指在生态修复过程中，根据土地的性质和地区气候条件，科学合理地确定土地利用方式。这一原则强调在生态修复中要充分尊重自然规律和土地特性，充分利用土地资源，提高土地利用效率，实现土地资源的可持续利用。

在进行生态修复前，需对土地性质进行全面评估，包括土壤肥力、透水性、保水性等关键指标；随后，依据土地性质和地区气候条件，科学合理地确定土地利用方式，如植树造林、耕作、建设或荒置等；最后，在明确土地利用方式的基础上，实施综合修复措施，充分考虑土地特性和需求，进行土壤改良、植被恢复、水土保持等工作，以促进生态系统的恢复与可持续发展。

（4）矿业活动而受损的场地

矿业活动而受损的各类生态系统区域主要有：

1）露采场：露天开采矿石后留下的采坑和边坡，这些区域往往地形破碎，植被覆盖度低，需要进行地形重塑、土壤改良和植被恢复等生态修复工作。

2）塌陷区：地下开采导致的地表塌陷区域，这些区域可能存在地质灾害隐患，需要进行地形稳定、土壤改良和植被恢复等修复工作。

3）渣土堆场：矿山开采过程中产生的废渣堆积区域，这些区域往往占用大量土地，且对土壤和水环境造成污染，需要进行渣土清理、土壤改良和植被恢复等生态修复工作。

4）尾矿库或矸石山：矿山开采过程中产生的尾矿或矸石山堆积区域，这些区域存在尾矿泄漏和环境污染的风险，需要进行尾矿或矸石山治理、土壤改良和植被恢复等生态修复工作。

5）闭坑矿段（采区）：已停止开采的矿段或采区，这些区域虽然采矿活动已结束，但生态系统受损严重，需要进行地形重塑、土壤改良和植被恢复等生态修复工作，以恢复其生态功能。

6）矿区周边受影响的区域：矿山开采活动可能对矿区周边的土地、水体和生态环境造成一定影响，这些区域也需要进行相应的生态修复工作，以恢复其原有的生态功能。

（5）修复的效果

对矿产资源开采损毁土地开展土地复垦和生态修复，使矿山地质环境达到安全稳定、损毁土地得到复垦利用、生态系统功能得到恢复或改善。

A. 使矿山地质环境达到安全稳定

矿山开采活动会对地质环境造成严重影响，易引发地表塌陷、山体滑坡、泥石流等地质灾害，对周边居民和生态环境构成巨大威胁。因此，矿山生态修复的首要任务是确保地质环境达到安全稳定。采取工程修复措施，对边坡不稳定、采空区塌陷等地质安全隐患区域进行人工干预，如修建挡土墙、加固边坡、回填采空区等。同时，建立完善的地质环境监测体系，实时监测和预警矿山地质环境，及时发现并处理潜在的地质灾害隐患，确保矿

山地质环境的安全稳定。

B. 损毁土地得到复垦利用

矿山开采活动占用了大量土地，并造成了不同程度的损毁，如挖损、塌陷、压占等。为了恢复这些损毁土地的生产功能，矿山生态修复将土地平整作为首要步骤，消除地表障碍物，恢复土地的基本形态。随后，通过物理、化学或生物方法对受损土壤进行改良，提高其肥力和结构稳定性。最后，根据土地复垦后的预定用途，选择合适的植物种类进行种植，恢复地表植被，从而提高土地的利用价值。

C. 生态系统功能得到恢复或改善

矿山开采活动不仅严重破坏了土地资源，还对生态系统功能造成了深远影响，如生物多样性丧失、水土流失加剧等。为了恢复或改善这些受损的生态系统功能，矿山生态修复工作采取了多种措施：通过植被恢复、湿地重建、生物多样性保护等生态修复技术，恢复生态系统的自我调节能力；加强水资源保护，治理水污染，维护水生态系统的平衡；同时，结合矿区自然景观和文化特色，进行景观设计和重建，提升矿区的生态价值和文化内涵。在实施策略上，因地制宜制定科学合理的修复方案，分类施策精准治理不同类型的损毁土地和生态系统问题，并综合运用工程修复、生物修复、化学修复等多种手段，形成综合治理体系，以提高生态修复的效果和质量。

（6）优先使用当地物种

在复垦和生态修复过程中，优先使用当地物种的原因主要有以下几点：

1）适应性强：当地物种经过长期的自然选择，已经适应了当地的气候、土壤和其他环境条件。因此，它们在复垦和生态修复过程中更容易成活，生长迅速，能够更好地适应新的环境。

2）促进生物多样性：当地物种是当地生态系统的一部分，它们为许多特有物种提供了食物来源和栖息地。使用当地物种进行复垦和生态修复，有助于恢复和维护生物多样性，促进生态系统的平衡和稳定。

3）经济成本效益：当地物种通常更容易获取，不需要长途运输，从而降低了运输成本。此外，它们往往不需要特别的养护措施就能茁壮成长，减少了后期维护费用，提高了经济成本效益。

4）减少生态风险：盲目引进外来物种可能会带来生态风险，如外来物种入侵、破坏当地生态平衡等。而使用当地物种则可以有效避免这些风险，保护当地生态系统的健康。

5）社会文化价值：当地物种往往承载着特定地区的自然遗产和文化记忆。使用当地物种进行复垦和生态修复，有助于传承和弘扬地方文化特色，提升矿区的生态价值和文化内涵。

8.2.2 矿山生态修复符合 TD/T 1036、TD/T 1070（所有部分）等规定的要求

［解析］本条规定了生态修复的技术规范和质量的标准。

（1）相关标准

1）《土地复垦质量控制标准》（TD/T 1036）。

2）《矿山生态修复技术规范　第 1 部分：通则》（TD/T 1070.1）。

（2）科学指导修复工作

TD/T 1070《矿山生态修复技术规范》为矿山生态修复工作提供了全面的技术指导和支持。通过遵循这些规范，可以确保修复工作科学、有序、有效地进行。同时，这些规范还针对不同类型的矿山和修复模式提出了具体的技术要求，为矿山生态修复工作提供了灵活多样的选择。

（3）确保修复质量

矿山生态修复工作必须遵循 TD/T 1036《土地复垦质量控制标准》的要求，确保复垦不同类型的复垦土地（如耕地、园地、林地、草地等）的质量达到相关标准。这包括土壤质量的提升、地形地貌的恢复、植被的重建等多个方面。通过遵循这些标准，可以确保矿山生态修复工作取得实效，为周边居民和生态环境带来实实在在的利益。

8.2.3 复垦为农用地的，土壤污染风险管控符合 GB 15618 规定的要求；复垦为建设用地的，土壤污染风险管控符合 GB 36600 规定的要求

［解析］本条是对复垦为农用地和建设用地的土壤污染风险管控要求。

（1）相关标准

1）《土壤环境质量　农用地土壤污染风险管控标准（试行）》（GB 15618）规定了农用地土壤污染风险筛选值和管制值，以及监测、实施与监督要求。适用于耕地土壤污染风险筛查和分类，园地和牧草地可参照执行。

2）《土壤环境质量 建设用地土壤污染风险管控标准（试行）》（GB 36600）规定了建设用地土壤污染风险筛选值和管制值，以及监测、实施与监督要求。适用于建设用地土壤污染风险筛查和风险管制。

（2）复垦为农用地的土壤污染风险管控

对于复垦为农用地的土壤，其管控要求严格遵循 GB 15618 标准，确保污染物含量不超过规定的风险筛选值，以保障农产品质量安全、农作物正常生长和土壤生态环境安全。若污染物含量超标，则需进一步评估并采取必要修复措施。在复垦过程中，需定期监测和评估土壤环境质量，对于污染物含量介于筛选值和管制值之间的土壤，应采取农艺调控、替代种植等安全利用措施。同时，在制定复垦方案时，需充分考虑土壤污染风险管控要

求，明确相关内容和目标，并在实施过程中加强监督和管理，确保复垦质量符合标准。

（3）复垦为建设用地的土壤污染风险管控

对于复垦为建设用地的土壤，其管控要求严格遵循 GB 36600 标准。在复垦前，需对土壤进行详细调查和监测，明确污染状况、来源和程度；复垦过程中，则需定期监测和评估，确保土壤环境质量符合标准。若污染物含量超过风险筛选值，需采取风险管控措施；若超过风险管制值，则需进行修复，以降低土壤污染风险。在实际应用中，若土地用途变更为建设用地，必须按照 GB 36600 要求进行管控，并在开发建设过程中加强土壤环境监管，确保土壤质量符合标准。

8.3 生态修复的监测

对地质环境破坏与恢复治理、土地损毁与复垦利用、生态系统破坏（退化）与恢复应进行动态监测，动态监测符合 TD/T 1070（所有部分）规定的要求。

[解析] 本条要求对破坏或毁坏的土地进行动态监测。

（1）相关标准

《矿山生态修复技术规范》（TD/T 1070）是一套针对矿山生态修复工作的全面技术指南，旨在加快推进国土空间生态保护与修复工作，规范矿山生态修复的技术流程、方法和要求。该标准详细规定了矿山生态修复的基本原则、总体要求与工作流程，涵盖了基础调查、问题识别、方案编制、方案实施、监测管护、成效评估和信息管理等内容。

第 1 部分：通则（TD/T 1070.1—2022）：规定了矿山生态修复的调查、设计、实施、管护、监测、数据管理与资料汇交等的通用要求。

第 2 部分：煤炭矿山（TD/T 1070.2—2022）：针对煤炭矿山的特点，制定了相应的生态修复技术规范。

第 3 部分：金属矿山（TD/T 1070.3—2024）：于 2024 年 6 月经自然资源部批准发布，2024 年 9 月 1 日正式实施，统一了金属矿山生态修复过程中问题识别、方案编制、方案实施、监测管护、成效评估等环节的流程、要点及技术要求，适用于黑色金属和有色金属矿产资源开发活动结束后的矿山生态修复等技术工作。

第 4 部分：建材矿山（TD/T 1070.4—2022）：针对建材矿山的特点，制定了相应的生态修复技术规范。

第 5 部分：化工矿山（TD/T 1070.5—2022）：针对化工矿山的特点，制定了相应的生态修复技术规范。

第 6 部分：稀土矿山（TD/T 1070.6—2022）：针对稀土矿山的特点，制定了相应的生态修复技术规范。

第 7 部分：油气矿山（TD/T 1070.7—2022）：针对油气矿山的特点，制定了相应的生态修复技术规范。

（2）地质环境破坏与恢复治理监测

A. 地质环境破坏与恢复治理监测内容

1）矿山地质灾害：地面塌陷、地裂缝、崩塌、滑坡、泥石流等。

2）矿山土石环境：土地资源的占用和破坏、固体废弃物的排放、水土流失等。

3）矿山水环境：地下水水位变化、废水废液排放等。

4）矿山地质环境恢复治理及效果：尾矿库、废石堆的复垦复绿等。

B. 地质环境破坏与恢复治理监测方式

根据监测手段的差异，矿山地质环境监测方式分为常规监测、专业监测、遥感监测和应急监测四类。具体方式的选择，需考虑监测面积、地域、重点监测对象的差异。

1）常规监测是指监测责任人对监测对象及监测点采取定期巡查监测，并填写技术表格的方式。它是一种简单、高效、实用的监测方式。通常，采矿权人作为最大的受益人，也是破坏矿山地质环境的责任主体，是常规监测的责任人。对于责任人主体灭失的矿山，其监测责任人应由当地的国土资源主管部门，通过委托专业机构开展监测工作。

2）专业监测，又称示范工程专项监测，是指通过专门的监测机构，采用先进的技术设备，对矿山地质环境问题开展监测，并对监测工作取得的经验进行推广。该监测方式与科学技术的发展紧密相连，将多种监测技术方法对比研究，并逐步向自动化、智能化靠拢。一般情况下，以地质环境问题突出的大中型闭坑矿山和部分大中型国营生产矿山为单元，建立矿山地质环境监测示范区，由专门的监测机构具体实施。

3）遥感监测是指采用多波段、多时相和高分辨率遥感影像 InSAR 技术[1]，开展典型矿区地质环境动态遥感监测，建立基于遥感波谱的具有一定精度保证的主要矿山地物类型、土地与植物破坏、地面塌陷等自动识别的模型与方法，实现地物面积变化监测。其主要适用于大范围、矿业活动程度高、破坏严重的密集型重点矿山集中开采区。

4）应急监测适用于因采矿因素所引发的重大突发地质灾害事件和矿山地下水污染事件，是应急处理技术的支撑。

C. 地质环境破坏与恢复治理监测技术

监测技术分为接触性监测技术和非接触性监测技术两类。

所谓接触性监测，即直接接触监测对象，通过实验或测量达到监测目的。非接触性监测，指通过光波等对监测对象进行探测从而达到监测目的。

传统的监测技术以接触性监测为主，通常借助测距仪、皮尺、罗盘、基岩标、测绳、流速仪等监测设备，监测矿山地质环境的变化情况。这类监测技术实施方便、简单直观、适用性更强，能反映变化的主要趋势，但是存在精确度不高、测点易被人为破坏等缺点。

非接触性监测技术正日渐成熟，且应用愈加广泛，如遥感监测技术（RS）、地理信息系统技术（GIS）、全球定位技术（GPS）、合成孔径雷达干涉测量技术（InSAR）等。

---

[1] InSAR 技术，全称干涉合成孔径雷达技术（Interferometric Synthetic Aperture Radar），是一种利用合成孔径雷达（SAR）图像数据进行干涉处理来监测地表形变的技术。

（3）土地损毁与复垦利用监测内容

A. 土地复垦监测应满足以下具体要求

1）监测工作应系统全面：土地复垦涉及的学科多、学科面广。因此，对复垦区的监测内容不仅包括各项复垦工程实施范围质量进度等，还应包括土地损毁和生态环境恢复等，确保复垦区土地能够达到可利用状态。

2）监测方案应分类，切实可行：我国区域自然环境呈现地带性特征，土地复垦工程措施具有类比性，因此应根据自然环境和生产建设项目自身特点，分类制定土地复垦监测方案。

3）监测设置应优化：复垦监测点、监测内容及监测频率等布置或设置，应采取科学的技术方法，合理优化，减少生产建设单位不必要的开支。

4）监测标准应依据所设计的国家各类技术标准：主要技术标准为《土地复垦技术标准（试行）》《土壤环境监测技术规范》(HJ/T 166）《污水监测技术规范》(HJ 91.1）等。

B. 复垦区原地貌地表状况监测

1）原始地形信息：无论是露天矿还是井工矿，都会导致地形地貌发生变化，露天开采的损毁主要是形成大的采坑和排土场，井工矿也会造成地表沉陷。两种采矿方式都引起了地形变化，而且采矿的进行是不断变化的，为了更好地与原始地形进行对比，需要在开采前对原始地形进行检测。

2）土地利用状况：要保留原始的土地利用状况信息，以便对后期的变化进行追踪对比研究。主要是土地利用数据。

3）土壤信息：包括土壤类型、土壤的各种理化性质等信息。

4）居民点信息：采集采矿前需要迁移的村庄及居民的各种信息。

5）耕地权属信息：采集复垦区占用的耕地情况和地籍信息，为占补平衡提供依据。

C. 土地损毁监测

对挖损、塌陷、压占等土地损毁的情况进行监测。以下以某土地复垦方案为例说明沉陷区监测设计方法。

1）监测方法：采用水准测量方法对地表移动进行测量，利用 1980 年黄海高程系，作业前对仪器和标尺进行检查和测定。测量采用中丝读数法，直读数据，观测采用后－后－前－前顺序，精度达到三等，观测中误差＜ 25mm/km。

2）水准基准点的布设和建立：水准基准点是进行地面变形监测的起算基准点。设计在矿区外部的公路上设置两个水准基准点，采用二等水准基准测定其高程，对控制点应定期检测其稳定性。

3）地表变形基准点的布置：沿煤层走向和倾向共布设 8 条侧线，总长约 80km，并在沉陷区内设置观测点 10 个。变形观测点与基准点构成沉降监测网，按四等水准测量的要求进行测量。

4）监测人员及频率：委托有资质的单位的专业人员及时监测。水准基准点监测频率为两个月一次，地表变形监测频率为两个月一次；地表变形监测点监测频率为每月一次。观测记录要准确可靠，并及时整理观测资料，与预测结果进行对比分析。

5）监测期限：依据复垦方案的服务年限，确定具体监测期限。某土地复垦方案服务年限42年（2011—2052年），具体包括了建设期（3年）、开采期（27年）、稳沉期（6年）及复垦植物管护期（6年）；确定对开采期和稳沉期进行监测，地表沉陷监测期限为33年（2013—2045年）。

D. 复垦效果监测

a. 土壤质量监测

复垦为农、林、牧业用地的土地自然特性检测内容为复垦区地形坡度、有效土层厚度、土壤有效水分、土壤容重、酸碱度（pH）、有机质含量、有效磷含量、全氮含量、土壤侵蚀模数等；其监测方法以《土地复垦技术标准（试行）》为准，监测频率为至少每年一次。

b. 复垦植被监测

复垦为林地的监测内容为植物生长势、高度、种植密度、成活率、郁闭度、生长量等；复垦为牧草地的植被监测内容为植物生长势、高度、覆盖度、产草量等。监测方法为样方随机调查法，在复垦规划的服务年限内，每年至少监测一次，复垦工程竣工后每三年至少一次。

c. 复垦配套设施监测

土地复垦的辅助设施，包括水利工程设施和交通设施两个方面。水利工程设施包括灌溉、排水及其相关的电力设施，交通设施包括各级公路和新建田间道路等。配套设施监测以土地复垦方案设计标准为准，监测的主要内容是各项新建配套设施是否齐全、能否保证有效利用，以及已损毁的辅助设施是否修复，能否满足当地居民的生产生活需求等。配套设施监测每年至少一次。

E. 利用遥感技术进行复垦动态监测

利用遥感数据的多平台、多时相、多分辨率的特性，对于矿山土地复垦监测来说，监测尺度可以从矿山到矿区乃至全国范围，因此可以构建矿山－矿区－国家三级遥感动态监测体系，对全国的矿山土地复垦与生态重建进行监测。监测过程主要包括遥感数据采集与处理、数据存储与管理、数据分析与应用、成果表达与展示。

（4）生态系统

生态监测是指利用物理、化学、生化、生态学等技术手段，对生态环境中的各个要素、生物与环境之间的相互关系、生态系统结构和功能进行监控和测试。

9 科技创新与规范管理

9.1 科技创新

9.1.1 应采用国家鼓励、支持和推广的采选工艺、技术和装备

［解析］本条是对矿山使用采选工艺、技术和装备的要求。

（1）国家鼓励、支持和推广的采选工艺、技术和装备的依据文件

国家鼓励、支持和推广的采选工艺、技术和装备通常依据国家相关政策文件、技术目录及行业规范来确定。这些工艺、技术和装备的应用，有助于提高矿产资源的利用效率，减少环境污染，保障安全生产，推动矿业行业的绿色转型和可持续发展。

1）《产业结构调整指导目录》：由国家发展和改革委员会发布，其中明确列出了鼓励、限制和淘汰的产业、产品和技术目录。在采选领域，通常会有鼓励发展先进采选工艺、技术和装备的相关条目。

2）《国家鼓励发展的环境保护技术目录》：由生态环境部等部门发布，其中列出了鼓励发展的环境保护技术，包括采选领域的绿色开采技术、高效选矿技术等。

3）《矿产资源节约与综合利用先进适用技术推广目录》：由自然资源部等部门发布，其中列出了矿产资源节约与综合利用方面的先进适用技术，包括采选领域的充填开采技术、保水开采技术等。

（2）常见的国家鼓励、支持和推广的采选工艺、技术和装备

A. 先进适用的采选工艺

1）绿色开采技术：如充填开采、保水开采等，旨在减少对环境的破坏，提高资源回收率。

2）高效选矿技术：如复合磁选工艺、重 – 磁 – 浮协同分选工艺等，能够提高选矿效率，降低能耗和成本。

3）智能化开采技术：如无人驾驶矿车、远程操控设备等，能够提高开采效率和安全性。

B. 高效节能的采选装备

1）大型高效破碎机、磨矿机：能够提高处理量，降低能耗。

2）节能电机和传动系统：如永磁同步电机、变频调速技术等，能够显著降低能耗。

3）智能控制系统：如自动化控制系统、远程监控系统等，能够提高设备运行的稳定性和可靠性。

C. 环保型采选工艺和设备

1）低污染、低排放的采选工艺：如湿法冶金技术、生物浸出技术等，能够减少废气、废水和固体废弃物的排放。

2）环保型采选设备：如低噪声、低振动的采选设备，以及具备废气、废水处理功能的设备等。

9.1.2 宜开展资源高效利用、绿色低碳等方面先进适用技术的引进、改造和研发，宜开展技术培训、交流与协作

［解析］本条要求矿山企业开展资源高效利用、绿色低碳等方面先进适用技术的引进、改造和研发。

（1）技术的引进、改造和研发

1）技术引进是快速提升资源高效利用和绿色低碳水平的重要途径。通过引进国外先进适用的采选工艺、技术和装备，可以迅速缩小与国际先进水平的差距，提高资源利用效率，降低环境污染。

2）技术改造是在现有技术基础上，通过优化、升级等方式，提高资源利用效率，降低环境污染的重要手段。通过技术改造，可以使老旧的采选工艺、技术和装备焕发新的活力，提高生产效率和经济效益。

3）技术研发是推动资源高效利用和绿色低碳发展的根本动力。通过技术研发，可以开发出更加高效、环保的采选工艺、技术和装备，为矿业行业的可持续发展提供有力支撑。

（2）建立技术的引进、改造、研发机制

技术的引进、改造、研发需要专业的技术团队来支撑，也需制定相关的管理制度。

A. 成立研发团队

矿山企业科技创新的基本任务包含四个方面，即建立科技研发队伍、推广科技成果转化、加大技术改造、推动矿山企业绿色发展和产业转型升级。这四个方面的要求也体现出科技创新在绿色矿山建设中的定位，明确了科技创新在绿色矿山建设过程中的动能作用。

建立科技研发队伍，配备专职管理人员是科技创新的基础。

B. 制定研发管理制度

矿山企业要建立科技创新的体系，开展支撑企业绿色发展的关键技术研究，改进工艺技术水平必须要有科技管理制度。

科技管理制度主要包含科技资金来源及使用程序、科研项目管理、科技成果鉴定、科技成果管理等。

（3）技术培训、交流与协作

1）技术培训是提高矿山企业员工技术水平和操作能力的重要途径。通过技术培训，

可以使员工掌握先进适用的采选工艺、技术和装备的使用方法，提高生产效率和经济效益。

2）技术交流与合作是促进矿山企业技术创新和发展的重要手段。通过技术交流与合作，可以分享先进经验和技术成果，推动整个行业的技术进步和发展。

3）建立协作机制是促进矿山企业、科研机构等之间合作的重要方式。通过协作机制，可以实现资源共享、优势互补，推动整个行业的可持续发展。

9.1.3 研发及技术改造投入不低于矿山上年度主营业务收入的 1.5%

［解析］**本条是对企业研发及技术改造投入的最低要求。**

（1）基本概念

研发投入是指企业在产品、技术、材料、工艺、标准的制定、开发过程中发生的各项费用投入。

技术改造投入是指企业为了技术进步，增加产品产量，提高产品质量，增加产品品种，促进产品升级换代，节约能源，降低消耗和成本，加强资源综合利用和“三废”治理及劳保安全等，采用新技术、新工艺、新设备、新材料等对现有设施、工艺条件等进行技术改造和更新，增加技术措施的投入。

主营业务收入是指企业从事本行业生产经营活动所取得的营业收入。矿山企业的主营业务收入指“产品销售收入”，企业在填报主营业务收入时，一般根据企业会计“损益表”中有关主营业务收入指标的上年累计数填写。只有充足的投入，才能保证研发和技术改造循序渐进，科研成果得以迅速转化，加快绿色矿山建设。

（2）研发投入费用范围

1）《国家税务总局关于研发费用税前加计扣除归集范围有关问题的公告》（国家税务总局公告 2017 年第 40 号）明确了研发投入费用范围。《财政部国家税务总局科技部关于完善研究开发费用税前加计扣除政策的通知》（财税〔2015〕119 号）及《财政部税务总局科技部关于提高研究开发费用税前加计扣除比例的通知》（财税〔2018〕99 号）中规定了加计扣除适用范围。目前企业都可以享受 75% 的税前加计扣除税收优惠政策。

2）企业从事的研究开发活动的有关支出，应符合《国家重点支持的高新技术领域》和国家发展和改革委员会、科学技术部、工业和信息化部、商务部、国家知识产权局公布的《当前优先发展的高技术产业化重点领域指南》的规定项目。凡符合规定项目定义和范围的，可享受研发费用加计扣除；不符合定义和范围的，则不能享受研发费用加计扣除。

（3）投入证明材料

A. 科技研发投入证明材料

证明材料共同构成了企业研发投入的综合证据。

1）上年度审计报告或财务报表：这是最直接的证明材料，显示了企业上一年度的科技研发经费投入情况。

2）科技研发人员证明：包括人员清单、学历证书或技术职称证书、社保证明等，这些材料证明了企业科技研发团队的人员构成和专业能力。

3）科技研发场地证明：租赁合同或房产证明、研发场地图片等，用于证明企业拥有适合科技研发活动的物理空间。

4）科技研发仪器设备清单：购买凭证和照片，展示了企业为科技研发活动所配备的设备和工具。

5）自主知识产权：包括专利证书、软件著作权等，这些证明了企业在特定技术领域的创新能力和知识产权保护情况。

6）相关管理制度、企业资质和荣誉：这些材料展示了企业的管理水平和行业认可度，间接证明了企业在研发投入和管理方面的重视。

B. 矿山企业的主营业务收入

矿山企业的主营业务收入指“产品销售收入”，企业在填报主营业务收入时，一般根据企业会计“损益表”中有关主营业务收入指标的上年累计数填写。

9.1.4 宜配备必要的地质、采矿、选矿及生态环境保护等方面专业技术人员

［解析］**本条是对矿山专业人员配备的建议。**

（1）配备专业技术人员的必要性

A. 提高资源利用效率

1）地质专业技术人员：能够准确评估矿藏储量、矿体形态和矿石品位，为采矿设计提供科学依据，从而确保资源的合理开采和高效利用。

2）采矿专业技术人员：熟悉各种采矿方法和技术，能够根据矿体特征和开采条件，选择最合适的采矿方式，提高采矿效率和安全性。

3）选矿专业技术人员：了解矿物的物理和化学性质，能够设计合理的选矿流程，提高选矿回收率和精矿品位。

B. 保障安全生产

1）地质专业技术人员：能够预测和防范地质灾害，如地表塌陷、地裂缝等，确保采矿活动的安全性。

2）采矿和选矿专业技术人员：熟悉采矿和选矿过程中的安全隐患，能够制定有效的安全措施和应急预案，降低事故风险。

C. 促进环境保护

生态环境保护专业技术人员：了解矿山开采对环境的影响，能够制定和实施环境保护措施，如土地复垦、废水处理、废气排放控制等，减少矿山开采对环境的破坏。

（2）专业技术人员的职责和作用

A. 地质专业技术人员

1）负责矿区的地质勘查和矿产资源评估，为采矿设计提供地质资料。

2）监测地质变化，预测和防范地质灾害。

3）参与矿山闭坑后的地质环境恢复治理工作。

B. 采矿专业技术人员

1）负责采矿方法的选择和设计，确保采矿活动的效率和安全性。

2）制定采矿作业规程和安全操作规程，监督执行情况。

3）参与采矿过程中的技术管理和质量控制工作。

C. 选矿专业技术人员

1）负责选矿流程的设计和优化，提高选矿回收率和精矿品位。

2）研究和开发新的选矿技术和工艺，提高选矿效率。

3）参与选矿过程中的技术管理和质量控制工作。

D. 生态环境保护专业技术人员

1）负责制定和实施矿山环境保护措施，确保矿山开采符合环保要求。

2）监测矿山开采过程中的环境污染情况，及时采取措施进行治理。

3）参与矿山闭坑后的环境恢复治理工作。

9.2 数字化矿山

9.2.1 宜对矿山地质与测量、矿产资源储量管理、采矿、选矿、生态环境保护等生产经营各要素实现数字化、自动化管控

［解析］本条是对数字化矿山的软件功能的要求

（1）相关标准

《智能矿山建设规范》(DZ/T 0376）确立了智能矿山建设的一般原则，规定了在地质与测量、矿产资源储量、矿产资源开采、选矿、资源节约与综合利用、生态环境保护、协同管控方面实现智能化的基本要求。适用于金属、非金属矿山、煤矿。

（2）建设智能矿山的意义

1）提高生产效率和资源利用率。通过引入自动化采矿设备、智能监控系统及数据分析平台，实现对开采过程的精准控制，自动化设备按预设路径自主作业提升效率，智能选矿系统根据矿石成分自动调整工艺，提高回收率并减少尾矿。同时，智能监控系统实时监测关键指标，优化生产计划，数据分析技术，挖掘数据价值，进一步降低成本。

2）增强安全保障，减少事故风险。智能矿山通过集成物联网、人工智能、大数据分

析等技术，构建了一套全方位的安全防护体系，智能传感器实时监测安全隐患并即时报警，有效预防事故。同时，智能穿戴设备保障矿工安全，提供紧急呼救等功能，且人工智能算法能分析历史事故数据，为制定预防措施提供科学依据，提升了应急响应能力。

3）促进资源高效利用，实现可持续发展。借助高精度地质勘探和三维建模技术，矿山企业能准确了解矿体情况，制定科学开采方案，避免资源浪费。同时，智能化技术推动废石、尾矿的综合利用，将其转化为有用产品，实现资源的循环再利用。

4）推动绿色矿山建设，保护生态环境。通过智能监控系统，企业能够实时监测矿山周边的环境质量，确保开采活动符合环保标准。同时，采用无人机播种、智能灌溉等智能化技术，加速矿区植被恢复，有效促进生态修复，改善生态环境。

5）提升管理水平，促进产业升级。通过云计算、大数据等技术，企业构建统一信息化平台，实现数据集成与共享，提升管理决策准确性。智能化管理系统优化资源配置，降低运营成本。同时，智能矿山促进矿业与其他行业跨界融合，推动矿业产业链延伸和升级，提升管理水平，促进产业升级。

9.2.2 宜建立矿山自动化集中管控平台，集中显示矿山生产自动化系统、资源储量管理系统、在线监测系统等

【解析】本条要求矿山企业建设集中管控平台，并将远程监控系统、自动控制系统、储量管理系统、生态环境监测管理系统等集中管控和显示。

矿山自动化集中管控系统由一体化综合监控、一体化通信联络、一体化信息管控三部分组成。各子系统实时数据统一存储、智能管理、实时分析、集中监控、集中发布、统一管控、统一调度，从而实现矿山开发与运行的科学预测、规划、控制和决策指挥，有助于提高矿山企业的运作效率和安全生产水平，增强矿山企业的竞争力，实现可持续发展。

（1）集中管控平台

A. 一体化综合监控平台

1）实现全矿井运输、供电、排水、通风、压风等主要生产系统的远程监测监控功能，达到无人值守、减人增效的目的。

2）通过对全矿井生产系统数据的集成，实现相关系统之间的智能联动、智能报警、智能应急预案管理。

B. 一体化通信联络系统平台

实现全矿井有线、无线相结合的数据传输方式，调度通信，应急广播，人员定位，工业电视等系统的一体化，达到语音、视频、人员管理的高效集成和应急联动，大大提升应急调度指挥的能力。

C. 一体化信息管控系统平台

1）实现以设备为对象的全系统的预警、检测、故障分析及运行报告等功能的分析应用系统，降低故障发生率，缩短故障维修时间。

2）通过集成生产执行过程相关的各类实时信息，及时反映生产运行状态，实现对生产全过程的优化管理，实现管控一体。

3）以安全生产管理为主线，以提升矿山安全生产信息综合应用价值为目标，覆盖矿山主要生产职能部门业务，为矿山各级管理者提供信息共享、业务协同。

（2）矿山生产自动化系统

建设矿山生产自动化系统，实现生产、监测监控等子系统的集中管控和信息联动。通过实现设备的机械化和系统的自动化达到减人换人的目的，提高工作效率，将矿山生产维持在最佳状态和最优水平。

矿山自动化的基本要素是全矿范围的信息与数据采集系统、高速大容量双向全矿通信和信息系统网络、计算机化信息管理和自动化矿山计划及其控制和维护、与全矿信息系统网络相接的自动化和遥控的机械设备。矿山自动化的基本条件是实时自动化的控制能力，根据企业内外条件变化，改变矿山内部因素，连续优化，从而使产值达到最高水平。矿井综合自动化系统实现对全矿安全生产的远程集中监测与控制，做到井下无人值守。

矿山自动化系统重点考虑如下两个因素。

1）构建矿山自动化集中管控系统，重点包含如下的自动化系统：①中央变电所、水泵房、风机站、空压机房、皮带运输巷等场所固定设施无人值守自动化系统；②对废石场、废渣场等堆场、边坡建设安全监测系统平台，废气、废水污染控制系统在线监测平台等。

2）安装远程监控系统，对远程的设备能够实现集中控制，远程操作。涉及地点为各子系统安装地点。

（3）远程视频监控系统

能够利用远程监控系统监控有设备运行、人工作业或存在不安全因素环境的场所、关键设备及人员情况，保证人员的安全，减少安全事故的发生。

重点工作场所主要包含矿山工作面等生产场所，供电、排水、通风、运输、计量、销售等工艺环节中的关键点，尾矿库、巷道等重要安全场所。

（4）资源储量管理系统

数字化资源储量模型主要通过建立地质数据库、利用三角网建模技术，创建矿区地层模型、矿体模型、构造模型或其他类型模型。按照国际矿业领域通用块体模型概念，运用地质统计学估值方法，完成品位模型的创建。以三维可视化平台为基础，应用各种方法所获得的地质数据，建立三维空间数据可视化分析模型，研究基于地质勘探数据的多指标地质体界线快速圈定技术、算法及三维地质体构模方法。

数字化资源经济模型是采用国际公认的“块段模型＋地质统计”储量计算方法，结合国内储量分级标准和传统的储量计算方法，以及国内认可的矿产经济学原理和地质经济指标，开发出符合国家储量估算标准和经济评价规范，集原始样品编录、组合、概率分布模型、实验变异函数计算、理论变异函数拟合、变异函数模型可靠性交叉验证、块段建模、品位估值和储量计算于一体的高度集成的应用软件，实现不同技术经济指标条件下的矿床经济模型的快速圈定与经济评价。

主要考虑如下三方面。

1）建立资源储量3D模型，实现资源储量的动态管理。

2）建立资源经济模型，实现资源的动态经济评价。

3）建设资源储量软件管理系统。

（5）生态环境监测系统

生态环境监测是通过对反映生态环境质量的指标进行监视和测定，以确定环境污染状况和环境质量的高低。生态环境监测的内容主要包括物理指标的监测、化学指标的监测和生态系统的监测。

1）水质监测：分为水环境质量监测和废水监测，水环境质量监测包括地表水和地下水。监测项目包括理化污染指标和有关生物指标，还包括流速、流量等水文参数。

2）空气检测：分为空气环境质量监测和污染源监测。空气监测时常需测定风向、风速、气温、气压、湿度等气象参数。

3）土壤监测：土壤重点监测项目是影响土壤生态平衡的重金属元素、有害非金属元素和残留的有机农药等。

4）固废监测：固废监测包括工业废物、卫生保健机构废物、农业废物、放射性固废和城市生活垃圾等。主要监测项目是固废的危险特性和生活垃圾特性，也包括有毒有害物质的组成含量测定和毒理学实验。

5）生物监测与生物污染监测：生物监测是利用生物对环境污染进行监测。生物污染监测则是利用各种检测手段对生物体内的有毒有害物质进行监测，监测项目主要为重金属元素、有害非金属元素、农药残留和其他有毒化合物。

6）生态监测：观测和评价生态系统对自然及人为变化所做出的反应，是对各生态系统结构和功能时空格局的度量，着重于生物群落和种群的变化。

7）物理污染监测：指对造成环境污染的物理因子，如噪声、振动、电磁辐射、放射性等进行监测。

8）调度监控室面积：可参考《地下开采矿山安全生产条件标准》中要求的调度监控值班室面积不小于30m^{2}的规定。

9.2.3 宜采用大数据和智能控制等技术，按照DZ/T 0376的规定建设智能矿山

［解析］本条规定智能矿山建设的技术要求。

（1）大数据和智能控制技术

A. 大数据技术

大数据技术是一种处理和分析海量数据的技术体系，旨在从各种类型的数据中快速获得有价值的信息。大数据技术涵盖了从数据采集、预处理、存储、分析到可视化等一系列

技术和方法。它涉及的数据量巨大，数据类型繁多，包括结构化数据、半结构化数据和非结构化数据。大数据技术通过一系列先进的技术和方法，如分布式计算、并行处理、数据挖掘、机器学习等，实现对海量数据的快速处理和分析，以提取有价值的信息和知识，为决策提供支持。

大数据技术是现代信息社会不可或缺的一部分，它广泛应用于各个领域，如商业智能、金融、医疗、教育、交通等，帮助企业和组织更好地理解和利用数据，推动业务发展和创新。随着数据量的不断增长和数据处理需求的提升，大数据技术在未来将继续发挥更加重要的作用。

B. 智能控制技术

智能控制技术是一种结合人工智能、控制理论、计算机科学等多个学科的理论和技术，旨在实现对复杂系统的智能化控制的技术。它利用先进的算法和模型，使系统能够根据实时的环境变化和反馈信息，自主地做出决策和调整控制策略，以达到最优的控制效果。

智能控制系统具有自适应性，能根据被控对象及环境变化自动调整控制参数和策略；同时具备自主学习能力，能从历史数据和实时数据中学习并优化控制策略；它还能根据预设目标和任务，结合实时环境信息和系统状态做出智能决策，实现对被控对象的精确控制；此外，智能控制系统具有较强的鲁棒性，能在复杂多变的环境中稳定运行。

智能控制技术广泛应用于工业自动化、交通运输、家庭设备控制、机器人技术、医疗设备控制、环境监测等领域。通过引入智能控制技术，企业可以提高生产效率、降低成本、提高产品质量，并实现更加安全、环保和可持续的发展。同时，智能控制技术也是推动产业升级和转型升级的重要手段之一。

（2）《智能矿山建设规范》建设应用分级

A. 一级，单项应用

1）基础自动化控制系统、信息化管理系统得到普遍应用。

2）建设了一个或多个单独应用的智能化系统，系统彼此独立，没有与基础自动化系统或者信息化系统进行集成和融合。

B. 二级、集成协同应用

1）智能化系统与基础信息化系统实现集成，成为信息化集成体系中的组成部分。

2）相关联的多个智能化系统能够通过自主协作实现互动操作和联动运行，达到局部融合的效果。

C. 三级、整体应用

1）在生产过程中普遍采用智能化技术，所有智能化系统实现联网协作。

2）生产经营数据实现广泛采集，数据通过智能决策系统得到充分利用。

9.3 规范管理

9.3.1 企业管理规范化，应建立与绿色生产生活方式相适应的管理制度，按规定填报矿业权人勘查开采公示信息，应建立生态环境安全等突发事件应急响应机制

［解析］**本条是对企业规范化管理的要求。**

（1）企业管理规范化

企业管理规范化是指依据企业开展管理事务的规范运营框架或流程，形成统一、规范和相对稳定的管理体系，并在管理工作中按照这些组织框架和运营流程实施，以期达到管理动作的井然有序和协调高效。具体来说，企业管理规范化包括以下五个方面。

1）制度化管理：通过制定和执行一系列规章制度，对企业的各项管理活动进行规范和约束，确保企业的各项活动都有章可循，有据可依。这些规章制度涵盖了企业的战略、营销、财务、生产、人力资源、组织结构等各个方面。

2）流程化管理：对企业的各项业务流程进行梳理和优化，形成标准化、流程化的作业程序，确保企业的各项活动都能按照既定的流程有序进行，提高工作效率和质量。

3）标准化管理：通过制定和执行一系列标准，对企业的各项产品和服务进行规范和约束，确保企业的产品和服务都能达到既定的质量标准，提高客户满意度和市场竞争力。

4）信息化管理：借助现代信息技术手段，对企业的各项管理活动进行信息化改造，实现数据的实时采集、分析和共享，提高企业的管理效率和决策水平。

5）持续改进：企业管理规范化是一个动态的过程，需要不断地对企业的各项管理活动进行审视和改进，以适应市场变化和企业发展的需要。

企业管理规范化有助于企业建立科学、规范、高效的管理体系，提高企业的管理水平和运营效率，降低企业的运营成本和风险，增强企业的市场竞争力和可持续发展能力。通过规范化管理，企业可以更好地实现资源的优化配置和高效利用，提高企业的整体效益。

（2）建立与绿色生产生活方式相适应的管理制度

绿色生产生活方式是一种注重资源节约、环境保护和生态平衡的生产与生活方式。在生产领域，它倡导采用清洁能源、提高资源利用效率、减少污染物排放等环保措施；在生活领域，它鼓励人们采取低碳消费、节能减排、循环利用等环保行为。

与绿色生产生活方式相适应的管理制度主要包含下面的内容：

1）环保政策与标准的制定：企业应制定明确的环保政策，将绿色生产生活方式纳入企业发展战略。制定符合国家和地方环保法规标准的管理制度，确保企业的生产活动符合环保要求。

2）绿色生产流程与标准：优化生产流程，采用清洁生产技术，减少污染物排放和资源浪费。制定绿色产品标准和环保标识制度，引导消费者选择绿色产品。

3）节能减排与资源循环利用：推广节能减排技术和设备，降低能源消耗和碳排放。建立资源循环利用体系，提高资源利用效率，减少废弃物排放。

4）环保教育与培训：加强对员工的环保教育和培训，提高员工的环保意识和责任感。鼓励员工参与环保活动，形成良好的环保氛围。

5）环保监督与评估：建立环保监督体系，对企业的环保活动进行定期检查和评估。公开环保信息，接受社会监督，提升企业形象和信誉。

6）激励机制与奖惩措施：制定环保激励机制，对在环保方面表现突出的员工或部门进行表彰和奖励。对违反环保规定的行为进行惩罚，确保环保制度的有效执行。

（3）按规定填报矿业权人勘查开采公示信息

按规定填报矿业权人勘查开采公示信息，是矿业权人必须履行的一项重要义务，也是矿产资源管理领域加强监管、推动矿业权管理领域诚信体系建设的重要举措。

为落实国务院“放管服”改革举措，提高政府监管效能，国土资源部于2015年印发了《矿业权人勘查开采信息公示办法（试行）》（国土资规〔2015〕6号），建立了矿业权人勘查开采信息公示制度。这一制度要求矿业权人通过全国矿业权人勘查开采信息公示系统，如实填报上一年度的勘查开采信息，接受社会监督。目的是促进矿业权人更好地履行法定义务，合理开发利用矿产资源，形成政府监管、企业自治、社会监督、信用约束的新格局。

（4）环境应急响应机制

组织应建立应急响应机制并保持运行程序，以确定潜在的事故或紧急情况，做出应急准备和响应，最大限度地减轻可能产生的事故后果，并预防或减少可能伴随的绿色矿山影响。

矿山企业应编写环境应急制度，环境应急制度包含环境应急处置和环境应急预案。应急管理制度参考如下内容：

A. 应急管理原则

1）坚持以人为本，预防为主。加强对环境因素的监测、监控，并实施监督管理，建立环境因素风险防范体系，提高对突发性环境污染事件的防范和处理能力。

2）统一领导，加强各部门之间的协同与合作，提高快速反应能力。

3）充分利用现有资源，积极做好应对突发性环境污染事件的思想准备、物资准备、技术准备、工作准备。加强培训演练，应急系统做到常备不懈，在应急时快速有效。

B. 成立应急管理机构

应急指挥中心是突发环境事件应急管理工作的最高领导机构，应急机构由指挥管理、救援队伍、技术支持和相关保障组成。

C. 运行机制

1）积极开展环境因素识别和评价工作，做到环境隐患及时发现、及时报告、妥善处置。

2）当公司内发生环境污染或生态（影响）破坏的突发事件时，无论事发原因如何、事故影响程度大小，也无须等待事故等级认定结果，都要及时进行汇报。

3）突发事件发生后，事发地的现场人员和应急人员在报告突发环境事件信息的同时，要根据职责和规定的权限启动相关应急预案，及时、有效地进行先期处置，控制事态的蔓延。

4）突发环境事件的信息发布应当及时、准确、客观、全面。重大环境事故发生后应及时向当地环保部门报告，并根据事故处置情况做好后续报告工作，也应当向员工发布简要信息和应对防范措施等。

D. 应急保障

要求各部门按照职责分工和相关预案做好应对突发环境事件的人力、物力、财力、运输及通信保障等工作，保证应急救援工作的顺利进行。

E. 应急培训和演练

1）应急救援人员由年纪轻、业务技能熟练的骨干员工组成，每年都要组织相关业务知识培训。

2）每年组织应急救援队伍和一线员工，针对可能出现的事件情形进行一次演练。

3）演练结束后，应急演练小组及时进行总结，评价演练效果，落实改进措施，不断完善预案。

9.3.2 按照绿色矿山建设的目标、任务和措施等内容，应建立考核机制并开展年度自评

［解析］**本条是企业对绿色矿山建设情况进行考核的要求。**

（1）考核机制

考核机制一种系统性的评估和管理方法，用于对组织、部门或个人的工作表现、绩效成果、能力发展等方面进行定期或不定期的评估与反馈。这种机制通过设定明确的考核标准、指标和方法，对考核对象进行全面、客观、公正的评价，并根据评价结果采取相应的奖惩措施或改进计划，以激励和提升工作效能，促进组织目标的实现。

（2）绿色矿山管理体系

根据分析，要求企业按照管理体系来运营。

A. 绿色矿山建设年度计划

绿色矿山建设年度计划是指矿山企业为推进绿色矿山建设，根据国家和地方的相关政策要求，结合企业自身实际情况，制定的年度性工作计划。该计划旨在明确绿色矿山建设的具体目标、任务、措施和时间节点，以确保绿色矿山建设工作的有序开展和取得实效。

B. 绿色矿山目标、指标

绿色矿山目标、指标、措施是整个绿色矿山建设的基础，只有梳理出目标、指标和措施，企业才能真正建设绿色矿山。绿色矿山任务是完成绿色矿山目标所采取的措施。

a. 基本内容

确定影响绿色矿山的因素❶，根据影响绿色矿山建设的因素，分解绿色矿山建设的目标❷和指标❸，根据目标和指标，制定绿色矿山管理方案❹。管理方案可以是采购一套设备、实施一个工程项目，也可以是一些具体的措施。

常见绿色矿山目标有水土保持达标、矿区绿化达标、资源开发和利用达标、科技投入达到要求、噪声排放达标、粉尘排放达标、矿区管理整洁美观等。

常见的绿色矿山指标有绿化覆盖率、扰动土地整治率、林草植被恢复率、土地复垦率、回采率、选矿回收率、资源综合利用率、贫化率、科技投入、粉尘浓度、噪声等。

常见的绿色矿山措施，如更新和升级矿山设备和机械，选择高效节能的设备和技术，降低能源消耗等。

b. 相关要求

矿山企业应针对其内部每一个有关职能和层次，建立并保持绿色矿山目标和指标，并形成文件。

矿山企业在建立与评审绿色矿山目标时，应考虑法律法规与其他要求，它自身的重要绿色矿山因素、可选技术方案、财务、运行和经营要求，以及各相关方的观点。

目标和指标应符合绿色矿山方针❺，并包括对资源开发与生态保护相协调的承诺。同时，绿色矿山的目标、指标是对绿色矿山方针的分解和细化。

（3）绿色矿山年度自评估

绿色矿山年度自评估是矿山企业每年对自身在绿色矿山建设方面所取得的成效、存在的问题及改进措施进行自我评价和总结的过程。这一过程的目的是全面审视矿山企业在环境保护、资源高效利用、社区和谐、科技创新与数字化建设等方面的表现，确保绿色矿山建设目标的实现和持续改进。

开展绿色矿山年度自评估，使矿山企业能够全面、深入地审视自身在绿色矿山建设方面的表现，客观评估成效与不足。通过自评估，企业能够及时发现存在的问题和短板，据此制定切实可行的改进措施，确保绿色矿山建设持续得到优化和提升，不断迈向更高水平。

---

❶ 影响绿色矿山的因素是指那些在矿山开发过程中，对实现矿区环境生态化、开采方式科学化、资源利用高效化、企业管理规范化、矿区社区和谐化等绿色矿山目标产生直接或间接影响的各类条件和要素。

❷ 绿色矿山目标是指在矿产资源开发过程中，所追求的一种理想状态或发展方向，旨在实现矿山的可持续发展与环境保护的和谐统一。

❸ 绿色矿山指标是衡量矿山是否达到绿色矿山标准的一系列具体要求和评价标准。

❹ 绿色矿山管理方案是指为推进绿色矿山建设，实现矿山可持续发展和环境保护双重目标，而制定的一套全面、系统的管理方案。绿色矿山管理方案旨在通过科学的管理手段和方法，确保绿色矿山建设的各项措施得到有效实施，达到预期的绿色矿山建设目标。

❺ 绿色矿山方针是指导绿色矿山建设和发展的基本原则和指导思想。它是以生态文明建设战略为统领，以发展绿色经济、实现资源效益、生态效益、经济效益和社会效益的协调统一为目标，强调在矿产资源开发全过程中，实施科学有序开采，对矿区及周边生态环境的扰动控制在可控范围内。

9.3.3 应建立绿色矿山管理制度，将绿色矿山建设融入矿山日常管理全过程，并定期开展培训

［解析］本条是对企业建立绿色矿山管理制度的要求。

（1）建立绿色矿山管理制度

随着环保和可持续发展要求的日益提高，建立包含明确标准、管理制度和流程，以及监督评估机制的绿色矿山管理制度显得尤为重要，这是规范矿山企业生产行为、确保绿色矿山建设有效实施的关键所在。为此，矿山企业需通过明确责任主体、制定详尽的建设标准与规范、优化建设流程与要求、鼓励技术应用与创新、加强评估与监管、落实激励与约束政策等综合措施，全面提升绿色矿山建设水平，为推动矿业高质量发展提供坚实保障。

（2）将绿色矿山建设融入矿山日常管理全过程

通过优化开采流程以减少环境破坏，加强环境保护以确保达标排放，推进生态修复以恢复生态功能，强化安全管理以保障生产安全等核心手段，将绿色矿山建设全面融入日常管理之中。同时，通过建立健全制度保障体系、加强员工培训提升环保意识与技能、定期维护环保设施确保其有效运行等策略，实现绿色矿山建设的常态化、长效化。在此基础上，不断促进绿色矿山建设的持续改进，推动矿业发展与生态环境保护相协调，实现可持续发展目标。

（3）定期开展培训

通过定期开展绿色矿山培训，全面提升职工的能力素质、环保意识和专业技能。系统普及绿色矿山理念、相关法律法规、先进技术及应急处理措施，并结合多样化的培训方式，如理论讲授、实操演练、案例分析等，有效增强职工对绿色矿山建设的认知和实践能力，从而有力地推动绿色矿山建设的深入实施。

9.3.4 按要求提交矿山储量年度报告、矿产资源统计表和地质资料

［解析］本条是对矿山企业应严格按照要求，提交矿山储量年度报告、矿产资源统计表和地质资料的规定。

为确保矿产资源储量数据的真实性、准确性和可靠性，各级地质勘查单位和生产矿山应严格按照《中华人民共和国矿产资源法》《中华人民共和国统计法》及有关行政法规进行矿产资源储量统计。在此基础上，编制储量年报、储量表和矿产资源统计基础表，以便全面、准确地反映我国矿产资源储量现状。

（1）矿山储量年度报告

矿山储量年度报告是矿产资源储量动态更新机制的重要组成部分，能够反映矿山矿产资源年度变化状况，是矿产资源储量动态监管的重要抓手。矿山储量年度报告直接反映矿产资源年度变化状况，是矿产资源储量管理的重要依据之一。

根据《国土资源部关于全面开展矿山储量动态监督管理的通知》(国土资发〔2006〕87号）和《自然资源部办公厅关于规范矿山储量年度报告管理的通知》（自然资办发〔2020〕54号）的要求，矿山企业每年应编写储量年报。

A. 储量年报

储量年报是矿产资源储量统计的重要成果之一，矿山企业应严格按照有关技术规范编制矿山储量年度报告，确保报告内容的真实性、准确性。主要包含以下内容。

1）矿产资源储量：按照新分类标准，详细列出各类矿产资源储量数据。

2）矿产资源储量变化：反映本年度矿产资源储量的增减情况，包括因开采消耗、勘查增减、政策调整等因素引起的资源储量的变化。

3）矿产资源开发利用情况：分析本年度矿产资源的开发利用状况，包括产量、消费量、进出口量等。

4）矿产资源勘查成果：汇总本年度矿产资源勘查项目取得的成果，包括新发现矿产地、新增资源储量等。

B. 储量表

储量表是反映全国和省（自治区、直辖市）各种矿产资源现状的专门统计报表，主要包括以下内容。

1）矿产资源储量：按照矿产资源类型、品级（牌号）分别列出各地矿产资源储量数据。

2）矿产资源储量变化：反映各地矿产资源储量的增减情况，包括因开采消耗、勘查增减、政策调整等因素引起的储量变化。

3）矿产资源开发利用情况：分析各地矿产资源的开发利用状况，包括产量、消费量、进出口量等。

4）矿产资源勘查成果：汇总各地矿产资源勘查项目取得的成果，包括新发现矿产地、新增资源储量等。

（2）矿产资源统计基础表

A. 法律法规有关条款摘录

2004年施行的《矿产资源登记统计管理办法》（国土资源部令第23号）第二十一条规定：采矿权人不依照本办法规定填报矿产资源统计基础表，虚报、瞒报、拒报、迟报矿产资源统计资料，拒绝接受检查、现场抽查或者弄虚作假的，依照《矿产资源开采登记管理办法》第十八条、《矿产资源补偿费征收管理规定》第十六条及《中华人民共和国统计法》及其实施细则的有关规定进行处罚。

《中华人民共和国统计法》第四十一条规定，企业或事业单位或其他组织有下列情形之一的，可以并处五万元罚款予以处罚，情节严重的，并处五万元以上二十万元以下的罚款。个体工商户可并处一万元以下罚款：①拒绝提供统计资料或者经催报后仍未按时提供统计资料的；②提供不真实或不完整统计资料的。

《统计违法违纪行为处分规定》第六条规定，有关部门及其工作人员在实施统计调查活动中，有下列行为之一的，对有关责任人员，给予警告、记过或者记大过处分；情节较重的，给予降级处分；情节严重的，给予撤职处分。①故意拖延或者拒报统计资料的；②明知统计数据不实，不履行职责调查核实，造成不良后果的。

B. 填报主要内容

矿产资源统计表应包含矿山的基本情况、矿产资源储量、产量、利用状况等信息。

1）矿产资源储量：按照矿产资源类型、品级（牌号）分别填写其矿产资源储量。

2）矿产资源储量变化：记录本年度矿产资源储量的变化情况，包括因开采消耗、勘查增减、政策调整等因素引起的储量变化。

3）矿产资源开发利用情况：反映本年度矿产资源的开发利用状况，包括产量、消费量、进出口量等。

4）矿产资源勘查成果：记录本年度矿产资源勘查项目取得的成果，包括新发现矿产地、新增资源储量等。

C. 填报基本要求

矿产资源统计基础表以采矿许可证划定的矿区范围为基本统计单元，由采矿权人填报。无论其生产规模大小都必须单独填报；一个采矿权人（矿山企业）开办一个以上矿山的（一人多权的），必须一（权）证（采矿许可证）一表分别进行填报。

D. 矿山报送时间

每年1月底前。

（3）地质资料

地质资料是地质勘探、矿产资源开发等活动的基石，全面记录了地质构造、矿产资源分布及地质环境等关键信息。提交这些资料不仅能促进地质科学研究，揭示地球演化规律和矿产资源形成机制，还能为矿产资源的勘探与开发提供科学依据，避免盲目开采，提高资源利用效率。同时，了解地质环境状况对于预防地质灾害、保护生态环境及实现可持续发展具有重要意义。

基础地质资料，如地质图件、地质报告及现场观察记录，详细记录了地质构造、地层分布和岩石类型等核心信息；矿产资源资料，包括勘查报告和储量报告，全面描述了矿产资源的种类、分布及储量；而环境地质资料，如灾害调查报告和监测数据，则为我们了解地质环境状况、预防地质灾害提供了重要依据。

9.3.5 在教育、医疗、就业、交通、生活等方面为矿区及周边群众提供支持，提高群众生活质量，促进乡村振兴和矿地和谐发展

[解析]本条是对矿山促进乡村振兴和矿地和谐发展的要求。

（1）在教育、医疗、就业、交通、生活等方面为矿区及周边群众提供支持

教育支持：为矿区及周边群众提供教育资源，包括学校建设、师资力量配备、教育资

金投入等，确保孩子们能接受良好教育，提高未来就业能力和生活质量。

医疗保障：建立健全医疗服务体系，提供基本医疗服务和公共卫生服务，改善矿区及周边群众的健康状况，减少因病致贫、因病返贫现象。

就业机会：通过矿业发展带动相关产业，如加工、物流、服务等，为当地群众创造更多就业机会，提高居民收入水平，促进经济稳定发展。

交通改善：加强矿区及周边地区的交通基础设施建设，如道路拓宽、公共交通网络完善等，提高交通便捷性，方便群众出行，促进区域间经济文化交流。

生活设施：完善水电供应、住房、文化娱乐等生活设施，提升矿区及周边群众的生活品质，营造宜居环境。

（2）提高群众生活质量，促进乡村振兴和矿地和谐发展

A. 提高群众生活质量

这是核心目标，旨在通过多元化措施和手段，全面改善矿区及周边群众的生活条件。具体包括提升基础设施水平，如改善水电供应、优化交通网络、加强通信建设等；同时，提供更好的公共服务，涵盖教育、医疗、文化娱乐等各个方面，满足群众多样化需求。此外，还将积极创造更多就业机会，增加群众收入，让群众切实感受到生活质量的提升。生活质量的提高不仅是群众最直接的感受，更是衡量我们发展成果的重要指标。

B. 促进乡村振兴

乡村振兴是国家发展的重要战略，旨在通过发展农村经济、改善农村环境、提升农民素质等全面措施，推动农村实现全面振兴。在矿区周边，这一战略可与矿区发展紧密结合，充分利用矿区的资源优势和产业带动效应，为农村经济发展注入新活力，促进农民收入稳步增加。同时，通过不断完善农村基础设施和公共服务，提升农村的生活品质和吸引力，为乡村振兴提供坚实支撑，助力农村实现繁荣发展。

C. 矿地和谐发展

矿地和谐发展强调矿业发展与当地社会、环境的协调共生，要求矿区在开发过程中不仅要追求经济效益，更要兼顾社会效益和环境效益。为此，需采用环保开采技术，加强环境治理和生态修复，同时积极参与社会公益事业，以实现矿业发展与当地社会的和谐共处。

10 矿容矿貌

10.1 功能分区

10.1.1 生产区、生活区和管理区等各类功能区的分区符合 GB 50187 的规定，排土场、选矿厂等与生活区保持一定安全距离

［解析］本条是对矿区分区的要求。

（1）相关标准

《工业企业总平面设计规范》(GB 50187）见 4.2.6。

（2）生产区、管理区、生活区包含的内容

生产区：需要对人员、设备、物料及加工对象有组织地操控，满足生产工艺对场地、卫生、质量要求的生产操作区域。露天煤矿的生产区主要指采掘场、矿山道路和排土场所在区域。

管理区：即办公区，矿山企业组织作业人员按程序作业，并规范人员作息行为的监控、分析、指挥和传达等办公作业和休息值班的区域。包括办公楼、联合建筑、调度指挥中心、值班室等。

生活区：指工厂集中设置的为职工服务的住宅及公用文化福利设施的区域。包括集体宿舍、家属住宅、食堂、幼儿园、浴室、医院、电影院、俱乐部等。狭义是指矿区里职工宿舍及配套生活设施，生活区一般应在生产区上风侧。

（3）功能分区要符合《工业企业总平面设计规范》(GB 50187）的要求

《工业企业总平面设计规范》中关于功能分区的要求：

1）全厂性的生活设施，可集中或分区布置。

2）企业内部道路的布局应有利于功能分区。

3）应按企业规模和功能分区，合理地确定通道宽度。

4）排矸场、排土场、垃圾场和废渣堆置场布置与办公区、生活区分离并留有安全距离，不对生活、生产造成影响。

5）分区布局应便于运输和装卸，应减少二次搬运。

10.1.2 生产设备、物资材料分类分区，摆放有序

［解析］本条是对矿区定置化管理的要求。

（1）定置化管理

定置化管理是对物的特定的管理，是其他各项专业管理在生产现场的综合运用和补充，是企业在生产活动中，研究人、物、场所三者关系的一门科学。定置化管理包括空间的定置和时间的定置。空间的定置要处理好人、物和场所之间的关系；而时间的定置则要处理人、事和时间的关系。

空间的定置：它是实现生产现场管理规范化与科学化的重要手段，通过整理，把生产过程中不需要的东西清除掉，不断改善生产现场条件，科学地利用场所，实现向空间要效益。

时间的定置：它是通过整顿，促进人与物的有效结合，使生产中需要的东西随手可得，实现向时间要效益。

空间的定置化管理将“整理、整顿、素养”的核心内容融入企业精细管理活动中，其内容比较丰富，涉及整个企业的“人－物－场所”三维空间位置关系的设计和优化，企业也可以将这项工作单独提取出来，进行更加细致的研究和实施。

在企业里，“物品”与“使用者——人”的位置关系一般处于以下三种状态。A. 状态：人与物有效结合，人可以直接、方便、快捷、有效地利用物。B. 状态：人与物不能有效结合，人不能直接、快捷、有效地利用物。C. 状态：人与物不需要结合，物品处于不可利用、无利用状态。

定置化就是不断地清除C状态，改善B状态，保持A状态。定置化管理首先要对“人－物－场所”三维空间位置关系进行设计和优化，充分利用色彩、指示牌、电子屏幕和其他信息媒介将该物在何处、该物流向哪里、该物有多少、该物处于何种加工状态、该物是否良好、该物是否危险，以及区域的总体定置状态等信息明确表示出来，以方便人去寻找、识别，减少工作差错，提高工作效率。

（2）定置管理应遵循的原则

1）坚持安全第一的原则。定置物品摆放要首先考虑安全，不占用个人作业及安全通道，做好工器具的放置顺手和安全。

2）符合工艺要求的原则。在不影响生产、合理的工艺流程及规定下，优化现场使用空间，逐步向立体发展。

3）符合物流有序的原则。各种定置物品必须保证物流简捷、畅通、有序，既不能造成物流混乱，更不能影响正常生产。

4）符合“简化、统一、协调、优化”的原则。定置管理应力争从方案设计到实施都达到标准化、标识化、格局化。

5）符合动态管理的原则。所有定置布局要适应灵活生产的需要：定置内容、物流控制要相对稳定又有弹性。

6）符合节约的原则。所有定置既要注意生产现场的美化、净化，又要注意实效。

7）符合求同存异的原则。在整体定置点基本一致的前提下，根据各作业点的差异选择最佳定置点。

8）定置管理应做到：有图必有物，有物必有区，有区必挂牌，有牌必分类；按图定置，按类存放，帐（图）物一致。

（3）生产区定置化管理

生产区设备、物资材料需进行定置化管理，做到摆放有序、堆放整齐。

1）由井下的升井带来的生产设备、设施、材料、生活垃圾、废物料，必须在当班时间内回收到各自单位或公司指定的区域存放。

2）生产场地存放的生产物料，须分类摆放整齐，加工制作时做到人走场清。生产用金属网、棚梁、木料不得在生产区域存放。

3）新购生产材料如黄沙、泡泥、石料、水泥、石子等严格按规定地方存放，不得占道，方堆要规整。

（4）施工现场材料堆放的要求

A. 一般要求

1）建筑材料的堆放应当根据用量大小、使用时间长短、供应与运输情况确定，用量大、使用时间长、供应运输方便的，应当分期分批进场，以减少堆场和仓库面积。

2）施工现场各种工具、构件、材料的堆放必须按照总平面图规定的位置放置。

3）位置应选择适当，便于运输和装卸，应减少二次搬运。

4）地势较高、坚实、平坦、回填土应分层夯实，要有排水措施，符合安全、防火的要求。

5）应当按照品种、规格堆放，并设明显标牌，标明名称、规格和产地等。

6）各种材料物品必须堆放整齐。

B. 主要材料半成品的堆放

1）大型工具应一头见齐。

2）钢筋应堆放整齐，用方木垫起，不宜放在潮湿处或暴露在外受雨水冲淋。

3）砖应码成方垛，不得超高且距沟槽坑边不小于0.5m，防止坍塌。

4）砂应堆放成方，石子应当按不同粒径规格分别堆放成方。

5）各种模板应当按规格分类堆放整齐，地面应平整坚实，叠放高度一般不宜超过1.5m；大模板存放应放在经专门设计的存架上，应当采用两块大模板面对面存放，当存放在施工楼层上时，应当满足自稳角度并有可靠的防倾倒措施。

6）混凝土构件堆放场地应坚实、平整，按规格、型号堆放，垫木位置要正确，多层构件的垫木要上下对齐，垛位不得超高；混凝土墙板宜设插放架，插放架要焊接或绑扎牢固，防止倒塌。

10.2 配套设施

10.2.1 生产、生活配套设施齐全并运行正常，管理规范。建筑物、构筑物外形规整，且得到及时维护

［解析］本条是对生产、生活配套设施的要求。

（1）有关法律的要求

《中华人民共和国城乡规划法》对建（构）筑物有关手续的要求：

第六十四条 未取得建设工程规划许可证或者未按照建设工程规划许可证的规定进行建设的，由县级以上地方人民政府城乡规划主管部门责令停止建设；尚可采取改正措施消除对规划实施的影响的，限期改正，处建设工程造价百分之五以上百分之十以下的罚款；无法采取改正措施消除影响的，限期拆除，不能拆除的，没收实物或者违法收入，可以并处建设工程造价百分之十以下的罚款。

第六十五条 在乡、村庄规划区内未依法取得乡村建设规划许可证或者未按照乡村建设规划许可证的规定进行建设的，由乡、镇人民政府责令停止建设、限期改正；逾期不改正的，可以拆除。

第六十六条 建设单位或者个人有下列行为之一的，由所在地城市、县人民政府城乡规划主管部门责令限期拆除，可以并处临时建设工程造价一倍以下的罚款：①未经批准进行临时建设的；②未按照批准内容进行临时建设的；③临时建筑物、构筑物超过批准期限不拆除的。

（2）生产配套设施

A. 矿区的运输设施

矿山运输是将地下有用矿物、废石或矸石等采出后由采掘工作面运往地面转载站、洗选矿厂或将人员、材料、设备及其他物料运入、运出的各种运输作业。矿山运输的特点是运量大、品种多、巷道狭窄、运距长短不一、线路复杂、可见距离短，因而作业复杂、维护检修困难、安全要求高。矿井运输设备包括皮带输送机、螺旋输送机、提升机等多种类型，用于矿石、物资等的输送。

B. 矿区的供电设施

从电力系统取得的电源（或自备电源），通过输电、变电和配电等环节向矿区提供电力的整体。供电系统由电源、输电线路和变电所三部分组成，设施包括输电和配电设备，比如变压器、导线、电缆、避雷器、绝缘子、杆塔等。

对供电系统的基本要求是：①可靠性。首先保证各类用户必要的可靠性，并力求供电系统接线简单，以提高供电安全。②灵活性。运行灵活、操作安全、维护方便、便于发展。③经济性。投资省、占地少、运行费用低。

对电气设备的要求是：①移动电气设备上架，固定设备配置规范；②消防器材齐全有效；③电缆沟盖板齐全；④标志牌内容齐全；⑤各种设备表面清洁，无锈蚀。

C. 矿区的供水设施

供水系统是指按一定质量要求供给不同的用水部门所需的蓄水库、水泵、管道和其他工程的综合体。矿山用水主要包含生产用水、生活用水、消防用水。

生产用水：满足采矿、选矿等生产过程中的用水需求，包括工艺用水、设备冷却水等。

生活用水：满足矿区职工和居民的生活用水需求，包括饮用洗漱、卫生等。

消防用水：满足矿区的消防用水需求，确保火灾发生时能够及时扑灭。

主要的设施有取水泵、输水管网、配水管网、储水设施等。

D. 环境卫生设施

环境卫生设施包括环境卫生公共设施、环境卫生工程设施和环境卫生机构使用的工作场所三类。环境卫生公共设施是指公共厕所、化粪池、垃圾管道、垃圾容器和垃圾容器间、废物箱和痰盂等；环境卫生工程设施是指环境卫生工作中收集、运输、处理、消纳垃圾、粪便的基础设施，包括垃圾粪便码头、垃圾中转站、无害化处理厂（场）、垃圾堆场、垃圾堆肥场、临时应急垃圾堆场、供水龙头和车辆冲洗站。环境卫生机构使用的工作场所是指环境卫生作业队为完成所承担的管理和业务职责需要的场所，包括环境卫生管理工作用房、车辆停车场、修造厂及环境卫生清扫、保洁工人作息场所等。

E. 矿区地面运输、供水、供电等配套设施清洁保养

矿区地面运输、供水、供电等配套设施清洁保养建议如下：

1）排水泵站、污水泵站等排水设施，每年粉刷一次，并定期保洁。

2）配电室（箱）、电力开闭所等，每年油饰一次，并定期保洁。

3）建筑物周围绿化设施，每半年整饰一次，并定期清洗。

4）垃圾转运站、公共厕所等环境卫生设施，每年粉刷或油饰一次，并定期清洗、保洁。

（3）生活配套设施

矿区的生活配套设施主要包含员工宿舍、食堂、澡堂、厕所等，重点要考虑对这些设施定期消毒，保持设施干净整洁，内部的物品摆放有序。具体要求可参考如下：

A. 职工食堂

1）地面、墙壁、桌椅、门窗、玻璃、售饭窗台（口）等擦拭干净，无污垢、剩饭菜等。

2）案板、笼布、炊（机）具、灶具、刀具及餐具等按规定清洗消毒。

3）肉、菜食品及工具生、熟分开。

4）不得有苍蝇、老鼠、有毒物品，食物仓库物品离地摆放整齐，霉变、过期食物及时处理。

5）衣着整洁，无化妆痕迹，文明礼貌用语。

6）燃气具摆放、使用遵守规范，电器安装合理。

7）食堂周围环境清扫及时，无杂物。

8）建立食品从业人员健康档案，确保健康证明持证率达到100%。健康证明应集中悬挂于公示栏内，以便于查看。

9）规范食品留样工作。

B. 职工澡堂

1）室内地面、墙壁、门窗、淋浴器具清洁卫生，无污垢、烟头，无破损。

2）更衣室内衣物箱干净卫生，无破损，无乱涂乱画，无痰痕。

3）采暖设施完好，无跑气、冒水、漏气、漏水。

4）防鼠、防蚊（蝇）、灭火器材齐全。

5）洗衣、烘干设施齐全整洁、运转良好，电器、配电盘箱及线路安装规范，照明设施完善。

6）周围环境整洁，垃圾、煤尘及时清扫，不得残留。

C. 职工宿舍

1）室内物品摆放整齐，地面无污垢、烟头，无卫生死角等。

2）室外墙壁无乱涂乱画，无痰痕，室外场地无杂草、树叶，无烟头、烟盒、废纸（箱）、包装袋，无剩饭菜等生活垃圾。

3）场外垃圾及时入垃圾箱，及时清运。

4）室外无晾晒衣服、被褥等。

5）采暖设施保持完好，无跑气、冒水、漏气、漏水。

D. 职工厕所

1）保持清洁，通风。

2）要有专人清扫、消毒、冲刷，定期打药，消灭蝇蛆。

3）做好清洁台账。清洁卫生间之后，需要记录清洁的时间、清洁的区域和使用的清洁剂等相关信息。

4）要定期检查、监督。

（4）矿区建筑、构筑物建设和维护

A. 临时建筑

临时建筑是指必须在限期（一般为二年）内拆除、结构简易的构筑物和其他设施，同时也包括因工程需要而使用钢、钢筋混凝土、水泥、砖、木、石等其他耐久性材料的，二年内必须限期拆除的构筑物和其他设施（如上海世博会部分馆场等临时性展示用房）。

临时建筑建设前也需经规划、国土、建设等部门批准，规定使用期限一般不超出二年。

临时建筑采用拆装式结构，要求达到利用次数多、装拆快、损耗少、经济指标低的目的。结构的几何形状力求简单，对各种临时建筑，选择平面和断面的统一模数，以尽可能减少构件的种类，采用积木原理，组装成不同跨度、不同面积、不同用途的建筑物。

B. 矿区建（构）筑物外立面和公共设施保持整洁

矿区建（构）筑物外立面和公共设施保持整洁应当达到下列标准：

无明显污迹、尘土。

无破损、表面脱落现象。

无明显陈旧、涂料斑驳和严重褪色。

无涂写、刻画、张贴现象。

无其他明显外形不洁、影响矿容环境现象。

矿区建（构）筑物外立面保持整洁，建议如下：

外立面为玻璃类或瓷砖类，每年清洗一次。

外立面为喷涂类，每三年刷新一次。

矿区建（构）筑物外立面进行粉刷或者重新装饰、装修，原则上应当保持原建（构）筑物的色调、造型和设计风格，并注意与周围环境相协调。

C. 建（构）筑物风格与周边环境相协调

建（构）筑物附着物和周边可能对建筑物造成影响的构筑物，其外立面必须与主体建（构）筑物的色调、造型和设计风格相协调，应注意以下七个方面的问题。

1）建（构）筑物外立面粉饰应注意保持建筑物外立面原有的色调和风格，根据建（构）筑物外立面的实际情况，可适当采用简洁、明快、协调的装饰线或装饰色块，以增加建筑的立体和层次效果。

2）对于较老旧的建筑，其外立面的粉饰要结合加固、防水一并进行，并可对建（构）筑物的外立面进行适当的修饰。低矮建筑物（三层和三层以下）的顶部也应进行清理和粉饰。

3）建（构）筑物的粉饰要注意色彩的协调和搭配，建（构）筑物的外立面多以浅色为主，适当配置其他颜色，不宜采用大面积的艳丽色彩和深色粉饰建筑。同时一栋建筑或一条街道的颜色要注意统一协调，色彩不宜太多太乱。

4）要充分考虑近期和远期、单体建筑的整体效果。

5）对大面积的玻璃幕墙和采用特种材料装饰外立面的建筑，应按规定对建筑物的外立面进行清洗，并注意清除建筑物表面的污迹，保证建筑物外立面的干净整洁。

6）厂区功能分区及建筑物、构筑物的外形宜规整，整洁流畅、美观大方和完好无损。

7）厂区的建（构）筑物宜体现民族特色。

（5）建筑物、构筑物管理

1）不允许私搭乱建。私搭乱建一般意义上指的是为达到自己的利益，在规定的范围外改动原有的建筑等使用方式。私搭乱建主要指的是违法用地和违法建设两种情况，私搭乱建现象严重影响矿区、社区居民的生活，侵害其他公民的权利，不仅影响美观，还会留下很多安全隐患。具体地说，乱建是指未经规划部门受理许可或经消防部门鉴定评审，私自在房屋周围的标准外，利用公共消防通道或逃生通道建筑的有公共隐患的违章建筑。私搭是指不经过申请就私自接电线、水管等。

2）矿山建（构）筑物应建立消防设施，设置消防器材。设备、供电线路、接地装置和防雷装置等保护装置应配备齐全，运行日志等填写规范，资料放置整齐，清洁卫生。

（6）设施布局要符合《工业企业总平面设计规范》的要求

《工业企业总平面设计规范》(GB 50187）中关于设施的布局要求：

1）功能分区内各项设施的布置，应紧凑、合理。

2）厂外的污水处理设施，宜位于厂区和居住区全年最小频率风向的上风侧，并与厂区和居住区保持必要的卫生防护距离。

3）要求洁净的生产设施，应布置在大气含尘浓度较低、环境清洁、人流货流不穿越或少穿越的地段，并应位于散发有害气体、烟、雾、粉尘的污染源全年最小频率风向的下风侧。

4）产生强烈振动的生产设施，应避开对防震要求较高的建筑物、构筑物布置。

5）产生高噪声的生产设施宜相对集中地布置在远离人员集中和有安静要求的场所，产生高噪声的车间应与低噪声的车间分开布置，产噪声生产设施的周围宜布置对噪声较不敏感、高大、朝向有利于隔声的建筑物、构筑物和堆场等，产生高噪声的生产设施与相邻设施的防噪声间距，应符合国家现行的有关噪声卫生防护距离的规定。

6）需要大宗原料、燃料的生产设施，宜与其原料、燃料的贮存及加工辅助设施靠近布置，并应位于原料、燃料的贮存及加工辅助设施全年最小频率风向的下风侧。

7）易燃、易爆危险品生产设施的布置，应保证生产人员的安全操作及疏散方便。

8）有防潮、防水雾要求的生产设施，应布置在地势较高、地下水位较低的地段。

9）公用设施的布置，宜位于其负荷中心或靠近主要用户的地段。

10）总降压变电所的布置宜位于靠近厂区边缘且地势较高的地段，便于高压线的进线和出线。应避免布置在多尘、有腐蚀性气体和有水雾的场所，并应位于多尘、有腐蚀性气体场所全年最小频率风向的下风侧和有水雾场所冬季盛行风向的上风侧。

11）煤气站应避免其灰尘、烟尘和有害气体对周围环境的影响；其贮煤场和灰渣场，宜布置在煤气站全年最小频率风向的上风侧；水处理设施和焦油池宜布置在站区地势较低处。

12）锅炉房的布置宜布置在厂区全年最小频率风向的上风侧，应避免灰尘和有害气体对周围环境的影响。

13）中央试（化）验室应布置在散发有害气体、粉尘，以及循环水冷却塔等产生大量水雾设施全年最小频率风向的下风侧和水雾设施全年最小频率风向的下风侧，宜有良好的朝向和通风采光条件。

14）排水泵站应布置在生活污水泵站的生活污水总排水管附近。

15）机械修理和电气修理设施，应根据其生产性质对环境的要求合理布置，并应有较方便的交通运输条件。

16）露天矿用设备应配备灭火器。

10.2.2 生产区标牌规整

[解析] 本条是关于生产区标牌的规定。

标牌是用于制作标识的指示牌，上面有文字、图案等内容，起到提示、指示和警示的作用。标牌包含操作提示牌、说明牌、线路示意图牌等三类，分别遵循《矿山安全标志》《标牌》和《安全标志及其使用导则》的标准要求，在矿山安全、环保等场景中相互配合，实现功能互补与信息分层管理。

（1）操作提示牌

矿山操作提示牌是以安全警示为核心功能的标识装置，通过图形符号、文字说明或颜色组合，对作业人员及访客进行危险预警、行为限制或操作指引，涵盖警告、禁止、指令等类型。操作提示牌主要用于安全警示、作业流程指引或禁止性规定提示，具有即时性、警示性特征。

1）《矿山安全标志》（GB/T 14161）和《安全标志及其使用导则》（GB 2894）规定了各类矿山传递安全信息的主要标志。包括各种标志的符号、名称、设置地点（表 10.1）。一般情况下，在矿山开采境界处（可设围栏）、井下道路和作业场所、地面作用场所、道路交叉口、地面变电站、井口、配电室、提升机房、主通风机房、边坡、排土场、尾矿、加油站或油库等需要警示安全的区域设置安全警示标志。

表 10.1　各类矿山传递安全信息的主要标志

编号	符号	名称	设置地点
2–1		禁带烟火	禁止烟火地点
2–2		严禁酒后入井（坑）	有人出入的井口和矿坑
2–3		禁止明火作业	禁止明火作业地点
2–4		禁止启动	不允许启动的机电设备

注：提示牌须符合《矿山安全标志》（GB/T 14161）的图形、颜色及安装要求。

2）《危险废物识别标志设置技术规范》（HJ 1276）详细规定了危险废物识别标志的分类、内容、设置要求和制作方法，为危废暂存间外墙标识标牌的设置提供了具体指导。在固废贮存、处置场所设置环境保护图形标志。

3）《道路交通标志和标线第 2 部分：道路交通标志》（GB 5768.2）标准规定了道路交通标志的分类、颜色、形状、字符、尺寸、图形、设置、使用和维护以及制作等要求。GB 5768 中的警告标志（如急弯、陡坡、注意行人）和禁令标志（如禁止停车、限速）属于操作提示牌范畴，其核心功能是通过图形、颜色及文字提示危险或规范行为。

（2）说明牌

矿山说明牌是以文字、图形或数据形式系统公示矿区权属信息、技术参数或管理规范的专业标识装置，具有法定公示效力。说明牌主要用于公示法定信息、权属证明或技术要求，需包含文字说明及法定数据。

1）《标牌》（GB/T 13306）适用于各种机电设备、仪器仪表及各种元器件用的产品铭牌、操作提示牌、说明牌、线路示意图牌、设计数据图表牌和安全标志牌等。规定了标牌的形式与尺寸、标记、技术要求、检验方法、检验规则、包装与贮运。该标准不支持本条指标要求。

说明牌的内容格式遵循《标牌》(GB/T 13306）的版面设计和材质规范。

2）《环境保护图形标志固体废物贮存（处置）场》(GB 15562.2）规定了一般固废和危险废物贮存、处置场环境保护的图形标志类型、符号、颜色，以及如何使用维护等内容。

3）《危险废物识别标志设置技术规范》（HJ 1276）详细规定了危险废物识别标志的分类、内容、设置要求和制作方法，为危废暂存间外墙标识标牌的设置提供了具体指导。

（3）线路示意图牌

线路示意图牌是矿山标识系统中的一类功能性标牌，主要用于动态路线指引与空间位置标注，通过图形、符号、文字等元素明确运输路线、应急逃生路线、设施分布、节点标示。

1）《环境保护图形标志 - 排放口（源）》(GB 15562.11995）规定了污水排放口、废气排放口和噪声排放源环境保护图形标志及其功能。适用于环境保护行政主管部门对污水排放口、废气排放口和噪声排放源的监督管理。

2）《道路交通标志和标线》(GB 5768）中的指示标志（如直行、左转、右转）和指路标志（如地点方向、距离标注）属于线路示意图牌，通过地理信息引导路径选择。

10.3 卫生绿化

10.3.1 生产区、管理区和生活区保持整齐卫生，不存在私搭乱建。充分利用矿区自然条件、地形地貌，因地制宜地进行矿区绿化

［解析］本条是对矿区整体面貌整齐整洁、绿化覆盖的要求，展示了矿区的社会形象。

（1）相关标准、政策

《工业企业总平面设计规范》(GB 50187)、《矿山生态环境保护与恢复治理技术规范（试行)》(HJ 651)、《厂矿道路设计规范》(GBJ 22)、《尾矿污染环境管理办法》(生态环境部令第 26 号）均对矿区及厂矿道路的绿化提出要求。

（2）生产区、管理区厂区清洁卫生

厂区的目视路面、人行道应干净、无浮尘、无杂物、无油污、无垃圾、无废石、无积水、无积雪、无污渍、无泥沙等。

（3）作业现场管理

为加强各作业现场有效管理，实施现场检查和跟踪清扫保洁工作目标的落实，及时纠正不合格服务，应保障道路清扫保洁作业顺利进行，其具体内容如下：

1）根据作业点清扫工作的总体范围和程序细则，制定清扫保洁工作计划表，详细列明各项清扫保洁项目及时间安排。依据清扫保洁工作计划表，编排人员岗位，落实岗位责任制。

2）清扫保洁的岗位需要根据岗位的范围、工作项目、卫生标准，按岗位“五定”的要求实施（定员、定岗、定量、定时、定标准)。

3）各项清扫保洁作业必须按清扫保洁工作程序和卫生标准的要求完成。

4）道路清扫保洁必须按照操作规程进行规范作业，并落实安全作业管理措施，做到安全、文明作业。

5）确保清扫保洁的质量和工作效率，管理人员和员工必须按《道路清扫保洁作业标准及考核细则》的要求填写“人员作业情况登记本”“日常检查情况登记本”等，完善管理制度。

6）在作业过程中，必须爱护道路范围内的公共设施设备。

7）在节假日期间，应根据各路段情况适当增加道路清扫保洁工人。涉及地点：进场道路、办公区内联络道路、办公区到生产区内部道路。

（4）绿化布置及绿化范围

A.《工业企业总平面设计规范》(GB 50187）关于绿化的规定

1）工业企业绿地率宜控制在20%以内，改建、扩建的工业企业绿地率宜控制在15%范围内。因生产安全等有特殊要求的工业企业可除外，也可根据建设项目的具体情况按当地规划控制要求执行。绿化布置应符合下列要求：①应充分利用厂区内非建筑地段及零星空地进行绿化；②应利用管架、栈桥、架空线路等设施下面及地下管线带上面的场地布置绿化；③应满足生产、检修、运输、安全、卫生、防火、采光、通风的要求，应避免与建筑物、构筑物及地下设施的布置相互影响；④不应妨碍水冷却设施的冷却效果。

2）下列地段应进行重点绿化布置：①进厂主干道两侧及主要出入口；②企业行政办公区；③洁净度要求高的生产车间、装置及建筑物区域；④散发有害气体、粉尘及产生高噪声的生产车间、装置及堆场；⑤受洗晒的生产车间及建筑物；⑥受雨水冲刷的地段；⑦厂区生活服务设施周围；⑧厂区内临城镇主要道路的围墙内侧地带。

B. 绿化工作的基础

矿区绿化工作需要充分利用矿区的自然条件和地形地貌，因地制宜地制定绿化方案，根据矿区的实际情况采取有针对性的绿化措施，以确保绿化工作的有效性和可持续性。如，在土壤贫瘠、水源匮乏的地区，可以选择耐旱、耐贫瘠的植物进行种植；在地形复杂、坡度较大的地区，可以采取工程措施来稳固土壤，防止水土流失。

10.3.2 生活垃圾有固定收集地点，宜开展分类处理

［解析］本条是对生活垃圾管理的要求。

（1）相关标准

1）《生活垃圾收集站技术规程》(CJJ 179）规定了生活垃圾收集站（点）的规划、设计、建设、验收、运行及维护等方面的技术要求，适用于新建、扩建和改建收集站（点）的相关工作。

2）《生活垃圾收集站建设标准》(建标 154）规定了生活垃圾收集站的建设与管理要求，

适用于新建生活垃圾收集站工程项目，改建、扩建工程项目可参照执行。

3)《生活垃圾卫生填埋处理技术规范》(GB 50869）规定了生活垃圾卫生填埋处理工程的选址、设计、施工、验收和作业管理等方面的技术要求，适用于新建、改建、扩建的生活垃圾卫生填埋处理工程。

4)《生活垃圾填埋场污染控制标准》(GB 16889）规定了生活垃圾填埋场选址、设计与施工、填埋废物的入场条件、运行、封场、后期维护与管理的污染控制和监测等方面的要求，适用于生活垃圾填埋场建设、运行和封场后的维护与管理过程中的污染控制和监督管理。

5)《生活垃圾卫生填埋场防渗系统工程技术规范》(CJJ 113）规定了生活垃圾卫生填埋场防渗系统的工程设计、施工、验收及维护的技术要求，以确保防渗系统的可靠性、安全性和有效性，防止垃圾渗滤液对周围环境造成污染。

6)《生活垃圾焚烧处理工程技术规范》(CJJ 90）规定了生活垃圾焚烧处理工程的规划、设计、施工、验收、运行管理等方面的技术要求，适用于以焚烧方法处理生活垃圾的新建和改扩建工程。

7)《生活垃圾处理技术指南》(建城〔2010〕61 号）规定了生活垃圾处理的基本原则、分类与减量、收集与运输、处理与处置，以及生活垃圾处理技术的适用性等内容，适用于指导各地选择适宜的生活垃圾处理技术路线，有序开展生活垃圾处理设施规划、建设、运行和监管工作。

8)《城市生活垃圾分类及其评价标准》(CJJ/T 102）规定了城市生活垃圾分类的原则、方法、评价指标及分类后的处理要求，适用于城市生活垃圾的分类、投放、收运和分类评价。

9)《市容环境卫生术语标准》(CJJ/T 65）规定了市容环境卫生领域的基本术语及其定义，适用于市容环境卫生行业的规划、建设、运行和管理等。

10)《中华人民共和国固体废物污染环境防治法》第四十三条规定：县级以上地方人民政府应当加快建立分类投放、分类收集、分类运输、分类处理的生活垃圾管理系统，实现生活垃圾分类制度有效覆盖。

(2)垃圾收集

生活垃圾收集点是生活垃圾收集系统的组成部分，它位于垃圾收集系统的最前端，具有数量多、分布广、管理难等特点，直接影响到矿区的生活环境，影响矿区的建设管理水平。

按照《市容环境卫生术语标准》(CJJ/T 65）的定义，生活垃圾收集点是按规定设置的收集垃圾的地点。它的作用就是收集垃圾、短暂存放垃圾并等待运输。

垃圾收集点的设置要方便投放，同时还要方便垃圾运输，因为它通常位于道路边、楼院内，垃圾收集点的美观也很重要。

1）收集点的设置应征得当地环境卫生行政主管部门的同意。

2）要方便投放垃圾，不影响矿区卫生和景观环境。

3）要便于容器的移动和旋转，方便机械化收运作业。

4）应保持合理的防护距离，周围适当设置绿化或遮挡措施，有效降低视觉、嗅觉污染。

5）收集点所在地面应平整，并进行硬化。

（3）垃圾分类

垃圾集中分类的意义如下：

A. 有利于垃圾资源化

将垃圾分类收集，能提高其资源化利用程度，在垃圾成分中，金属、纸类、塑料、玻璃等是可直接回收利用的资源，回收利用率很高，较之开发自然资源有着处理简单、成本低廉、污染较小的优势。而且，垃圾中的食物、草木和植物可以堆肥，产生有机肥料；砖瓦、灰土可以加工成建材等。由此可见，垃圾中有许多可再次利用的资源，各种固废混合在一起是垃圾，分开就是资源，将垃圾分类收集并进行无害化处理，将会成为可观的循环资源。

B. 有利于垃圾减量化

将垃圾分类收集，能有效减少垃圾总量。城市垃圾分为可再生垃圾（废纸、废塑料、废金属、废玻璃制品、废旧家具等），不可再生垃圾（厨余、果皮等）和有害垃圾（废电池、废灯管等）。据统计分析，近年来城市垃圾中可再生垃圾的比例增加很快，这对于推行生活垃圾分类回收是十分有利的。进行分类回收，会大大提高其资源化程度，从而有效减少垃圾总量。垃圾总量的减少可以降低垃圾填埋场的负荷，降低处理成本，减少占用土地，减少对大气、土壤、地表水、地下水的不利影响；垃圾总量的减少，特别是塑料、橡胶、电子产品的充分去除，对于垃圾焚烧来说也有极大好处，它减少了有害废气，如二噁英的产生，这将改善我国目前垃圾焚烧二次污染严重的问题。

C. 有利于垃圾无害化

垃圾分类收集能提升垃圾无害化处理率。目前，我国垃圾处理方法主要是填埋、焚烧和堆肥法。填埋法虽然有处理费用低、方法简单的优点，但其容易造成地下水资源的二次污染；焚烧法虽然占地少、减量效果好，但焚烧后容易产生像二噁英那样毒性很高的化学物质；堆肥法虽然能使垃圾中的有机物质腐化变成肥料改良土壤，但堆肥的规模不宜太大，长期使用易造成地下水质变坏和土壤板结。生活垃圾有很多是可以回收利用的，如果我们从废弃物产生的初始环节入手，进行分类回收，将其精挑细选，排除有价值、可回收利用的部分，找出真正无用的垃圾进行处理，那么，不仅减少了城市垃圾的总量，节约了资金，还能减轻末端处理的压力，缓解垃圾累积局面，并减轻处理过程中的环境污染，使城市垃圾无害化处理率大大提升。

10.3.3 矿区主干道路平整干净，宜设置隔离绿化带、制作宣传牌或宣传标语等，内部道路保持清洁卫生，无洒落物

［解析］本条是对矿区主干道路的规范性要求。

（1）相关标准

《厂矿道路设计规范》（GBJ 22—1987）包含的主要内容有总则、路线、路基、路面、桥涵、路线交叉、沿线设施及其他工程等的设计要求。

（2）主干道路面要求

A. 厂矿道路分类

1）厂外公路为厂矿企业与国家公路、城市道路、车站、港口相衔接的对外公路，或本厂矿企业分散的车间（分厂）、居住区等之间的联络公路。

2）厂内道路为工厂（或港口、商业仓库、露天矿山机修场地、矿井井口场地等，下同）的内部道路。

3）露天矿山运输道路为露天矿经常行驶矿用汽车的公路和通往爆破材料库、水源地、总变电所、尾矿坝等行驶一般载重汽车的辅助道路（包括矿井的地面辅助道路）。露天矿山运输道路可分为干线道路、支线道路、联络线道路和辅助线道路。干线道路是指露天矿采矿场各开采台阶通往卸矿点或排土场（废石场）的共用道路；支线道路是指开采台阶或排土场（废石场）与干线道路相连接的道路，或一个开采台阶直接到卸矿点或排土场（废石场）的道路；联络线道路是指露天矿内与干线道路、支线道路连通的其他道路；辅助线为通往矿区范围内的附属厂（车间）和各种辅助设施行驶各类汽车的道路。

B. 矿区主干道路路面符合规范

根据《厂矿道路设计规范》(GBJ 22）要求，矿区专用主干道路面应具有足够的强度和良好的稳定性，其表面应平整、密实、粗糙度适当。

1）产尘较大的生产区道路，可采用沥青路面和混凝土硬化路面。

2）埋有地下管线并经常开挖检修的路段，可采用水泥混凝土预制块路面或块石路面。

3）坡较大或圆曲线半径较小的路段，可采用块石路面。

4）常行驶履带车的道路，可采用块石路面或低级路面。

5）盐湖矿山和高寒等易结冰区域的矿山可根据具体情况采取相应的措施［非《厂矿道路设计规范》(GBJ 22—1987）要求］。

C. 路面硬化的作用

硬化路面就是在已经形成的道路路面之上覆盖硬化层，如沥青、混凝土等，其作用如下：

1）提高运输效率。硬化后车辆出行快速方便。

2）改变矿区环境。硬化后整洁美观，改变了以往脏、乱、差的面貌。

3）降低运输能耗。

（3）道路清洁情况

A. 清洁范围

道路两侧墙到墙范围内的可清扫面积（含道路绿地），以及地上建筑物、附着物上乱贴乱画，沿路建筑垃圾、杂物的清理等。

B. 道路清洁要求

1）道路清扫作业应达到本路段路级要求的相应标准。快车道、慢车道及人行道清扫彻底，无漏扫、死角、果皮、纸屑、塑料袋、树叶、烟蒂、砂石、尘土及其他废弃物。

2）保持路面、牙石、墙角无积水，窨井口不堵塞。

C. 道路清洁措施

1）及时收集清扫保洁垃圾并按时清运。

2）及时清掏、清洗垃圾容箱，保持周围无杂物。

3）及时清除路面污染，并积极配合洒水车冲洗路面。

D. 矿区及主干道路地面养护的内容

养护包含路面的保养与维护，保养侧重于从建成通车开始的全过程养护，维护侧重于对被破坏的部分进行修复。道路养护统一划分为日常养护、定期养护、特别养护和改善工程四类。硬化地面常见的问题有起皮、起砂、冻融、坑槽、裂缝、啃边断角等问题。

a. 日常养护

日常养护是对道路各组成部分（包括附属设施）按需要进行的日常作业，其目的是保持路面原有的良好状态和服务水平。

1）路面及其他部分的清扫。

2）轻微损坏的修补和设施的零星更换。

3）割草和树枝修剪。

4）冬季除雪除冰。

5）为恢复偶尔中断的交通进行紧急处理。

b. 定期养护

定期养护是在道路使用期限内所进行的、可编制程序的、较大的养护作业。

1）辅助设施的改进。

2）路面磨耗层的更新或修复。

3）路面标线、涵洞及附属设施的修复。

4）金属桥的重新油漆等。

c. 特别养护

特别养护是把严重恶化的路况改善到原有状态的作业。

1）加强和改建已破损的路面结构。

2）修复已破坏的路基和涵洞。

3）防治外部因素对公路的损害，如稳定边坡、防治塌方、添建挡土墙、改善排水设施、防治水毁、预防雪崩、砍伐树木等。

d. 改善工程

改善工程是对路面在新建或改建时遗留下的缺陷进行的改善作业。

1）改善“卡脖子”路段，提高通行能力。

2）校正路拱和超高，改善行车视距。

3）调整交叉道和进入口，消除事故多发点，以策安全。

4）采取防噪声措施。

5）扩建和改善建筑物和其他设施。

6）添建路旁休息区，以提高公路服务水平等。

硬化后的路面要及时养护。很多矿山道路的养护和维修意识淡薄，已硬化好的道路使用状况不佳，浪费资源。

（4）专用主干道路绿化美化

隔离绿化带是用于隔离汽车行驶、美化环境的设施。在市政道路中，机动车道两侧与非机动车道之间的隔离绿化带称为公路侧分带。

A. 有关要求

1）在有绿化空间的矿区专用道路两侧设置隔离绿化带，隔离绿化带的设置应符合《矿山生态环境保护与恢复治理技术规范（试行）》(HJ 651）中第 10.3 的规定。

2)《厂矿道路设计规范》(GBJ 22）要求：厂矿道路的两侧、中间带、交叉口、停车场及其他附属设施等，宜进行绿化。绿化时宜选用不同的树种穿插栽植。对于干旱缺水地区，矿区专用道路可因地制宜进行美化。

3)《尾矿污染环境管理办法》第十六条中规定，尾矿库运营、管理单位应当采取库面抑尘、边坡绿化等措施防止扬尘污染，美化环境。

B. 隔离绿化带的作用

1）降低噪声干扰和防止环境污染。隔离绿化带科学地选择具有较强吸收能力的树种，起到降低车辆的排放污染、净化空气的作用。

2）更为有效地分离了对向车流，极大地减少了车辆对撞的可能性。

3）提供了设置标志标牌、交通指示线、路灯等交通辅助设施的空间，降低了驾驶难度，提高了行车安全。

4）绿化带能够较好地改善道路景观，一定高度的绿化设施还可以起到防眩的作用。

5）专用道路两侧设置隔离绿化带不但可以绿化矿区，同时可以美化路容、改善环境。

C. 不具备绿化条件的道路

不具备绿化条件的道路可通过对道路两侧进行美化、安装遮挡墙（板）、制作宣传牌或宣传标语来减少对可视景观的不利影响或者减缓司机驾驶疲劳。

11 评 价

11.1 评价要求

11.1.1 开展绿色矿山评价，宜根据各行业、地方或矿山不同特点制定评价导则，并应制定相应的具体评价方案。其中，评价导则应围绕第 4 章 ~ 第 10 章明确行业、地方或矿山的特性要求，评价方案应明确评价的指标值和综合评分标准

［解析］本条是对开展绿色矿山评价工作的要求。

开展绿色矿山评价时，制定评价导则❶和具体评价方案是至关重要的。评价导则应围绕《绿色矿山评价通则》的相关章节，结合行业、地方或矿山的特性要求进行细化；评价方案则应明确评价的指标值和综合评分标准，确保评价的科学性和准确性。通过制定科学合理的评价导则和具体评价方案，可以推动绿色矿山建设的深入开展，对促进矿业绿色可持续发展具有重要意义。

（1）制定评价导则

绿色矿山评价导则是绿色矿山评价工作的指导性文件，旨在明确各行业、地方或矿山在绿色矿山建设中的特性要求。在制定评价导则时，应围绕《绿色矿山评价通则》的第 4 ~ 10 章，结合具体的行业、地方或矿山特点进行细化。

A. 行业特性要求

不同行业（如金属矿、非金属矿、煤炭、石油天然气等）在绿色矿山建设中的重点和要求存在差异。例如，非金属矿行业可能更关注矿山的生态修复和土地复垦，而煤炭行业可能更重视资源的高效利用和安全生产（彭苏萍等，2020d）。

评价导则应根据行业特点，明确各行业的绿色矿山建设目标和评价指标。

B. 地方特性要求

不同地区在自然环境、经济条件、政策要求等方面存在差异，这些差异会影响绿色矿山的建设内容和重点。

评价导则应结合地方实际情况，提出符合地方特色的绿色矿山建设要求和评价指标。

---

❶ 评价导则是一套用于规范和指导安全评价、环境影响评价、科技成果评价等工作开展的指导性文件。它规定了评价工作的程序、方法、内容、格式等方面的要求，为评价人员提供了一套完整的工作指南。

C. 矿山特性要求

不同矿山在矿种、规模、开采方式、技术水平等方面存在差异，这些差异决定了矿山的绿色建设路径和重点。

评价导则应针对矿山的实际情况，提出具体可行的绿色矿山建设方案和评价指标。

（2）制定具体评价方案

具体评价方案是实施绿色矿山评价的具体操作指南，旨在明确评价的指标值和综合评分标准。

A. 明确评价的指标值

评价指标值是衡量矿山绿色建设水平的关键。在制定评价方案时，应根据评价导则中的要求，结合矿山实际情况，明确各项评价指标的具体数值或范围。

例如，对于资源高效利用这一指标，可以明确矿山在开采过程中的资源回收率、综合利用率等具体数值。

B. 制定综合评分标准

综合评分标准是评价矿山绿色建设水平的重要依据。在制定评价方案时，应根据评价导则中的要求，结合矿山实际情况，制定科学合理的综合评分标准。

评分标准应涵盖所有评价指标，并明确各项指标的权重和评分方法。例如，可以采用加权求和法、层次分析法等方法进行综合评分。

11.1.2 评价方案包括并不限于矿山开采、资源利用、绿色低碳、生态修复、科技创新与规范管理、矿容矿貌等 6 个方面内容，依据第 4 章 ~ 第 10 章的要求，按照行业、地方或矿山能够达到的先进水平确定综合评价标准和要求，相关指标设置应包括本文件要求的内容，绿色矿山评价指标表见附录 B

[解析] 本条是对评价方案的要求。

开展绿色矿山评价时，制定评价导则和具体评价方案是至关重要的。评价导则应围绕《绿色矿山评价通则》的相关章节，结合行业、地方或矿山的特性要求进行细化；评价方案则应明确评价的指标值和综合评分标准，确保评价的科学性和准确性。通过制定科学合理的评价导则和具体评价方案，可以推动绿色矿山建设的深入开展，对促进矿业绿色可持续发展具有重要意义。

评价方案是绿色矿山评价的基础和依据，它规定了评价的具体内容和标准，确保了评价的全面性和准确性。通过制定科学合理的评价方案，可以推动绿色矿山建设的深入开展，促进矿业行业的可持续发展。

（1）评价方案的内容构成

评价方案是绿色矿山评价的核心文件，它全面规定了评价的具体内容和标准。根据描述，评价方案包括但并不限于以下6个方面内容：

A. 矿山开采

评价矿山开采过程中的合理性、科学性及是否符合环保和安全要求。同时还要考虑开采方法、开采效率、对周边环境的影响等因素。

B. 资源利用

评价重点考虑矿山资源的利用效率，包括矿产资源的回收率、综合利用程度等，以及强调资源的节约和高效利用，减少浪费。

C. 绿色低碳

评价矿山在生产过程中的碳排放、能源消耗及采取的节能减排措施。鼓励使用清洁能源，减少温室气体排放。

D. 生态修复

评价矿山开采后对生态环境的修复和恢复措施，包括土地复垦、植被恢复、水土保持等方面的内容。

E. 科技创新与规范管理

评价矿山在科技创新方面的投入和成果，以及管理体系的规范性和有效性。强调技术创新对绿色矿山建设的重要作用。

F. 矿容矿貌

评价矿山的整体外观和环境整洁度。包括矿山设施的布局、矿区的绿化美化等方面。

（2）综合评价标准和要求的确定

评价方案依据第4～10章的要求，按照行业、地方或矿山能够达到的先进水平来确定综合评价标准和要求。

1）评价标准应具有先进性和可行性，既要体现绿色矿山建设的最高水平，又要考虑实际可达成的条件。

2）评价标准应根据行业、地方或矿山的特定情况进行调整，以确保评价的针对性和准确性。

（3）相关指标设置

评价方案中的相关指标设置应包括本文件（即《绿色矿山评价通则》）要求的内容。

1）评价指标应全面覆盖绿色矿山建设的各个方面，确保评价的全面性。

2）评价指标应具体、明确，便于操作和衡量。

（4）绿色矿山评价指标表

绿色矿山评价指标表（见附录B）是评价方案的重要组成部分，它列出了具体的评价指标和评分标准。这有助于评价人员在进行绿色矿山评价时，能够有章可循、有据可查，确保评价的客观性和公正性。

11.1.3 依据本文件制定的绿色矿山评价标准的技术架构见附录C

［解析］本条是对评价标准的框架要求。

附录C中的绿色矿山评价指标表为绿色矿山评价提供了清晰、具体的框架和标准，有助于推动绿色矿山建设的深入开展，促进矿业行业的可持续发展。该架构以层次化的方式构建了评价指标体系，旨在全面、系统地评估矿山在绿色矿山建设方面的表现。

绿色矿山评价标准的技术架构分为3个层次。

1）一级指标：这是评价体系的最高层次，包括了矿区环境、资源开采、资源综合利用、绿色低碳、生态修复与环境治理、科技创新与规范管理6项核心领域。这些一级指标涵盖了绿色矿山建设的主要方面，是评价矿山绿色发展水平的基础。

2）二级指标：在一级指标的基础上，进一步细化为20项具体指标。这些二级指标更加具体地描述了绿色矿山在各个核心领域应达到的标准和要求，为评价提供了更明确的指导。

3）三级指标：这是最具体的评价层次，包括了47项细化的评价指标。这些三级指标直接对应于矿山绿色建设的实际操作和成效，是评价过程中直接依据的标准。

通过这样的层次化构建，绿色矿山评价标准的技术架构既保证了评价的全面性，又确保了评价的细致性和准确性。评价人员可以根据这一架构，逐项对矿山的绿色建设情况进行评估，从而得出客观、公正的评价结果。

11.2 评价方式

11.2.1 绿色矿山评价可由第一方、第二方或第三方组织实施，当评价结果用于对外公布时，则评价至少应包括独立于矿山、具备相应能力的第三方组织

［解析］本条是对绿色矿山评价结果对外公布的要求。

绿色矿山评价是一个可以由不同主体组织实施的过程，具体包括第一方组织（组织自身即矿山企业自身等）、第二方组织（组织的相关方即矿山的合作伙伴或相关监管机构等）或第三方组织（与组织没有关系的其他组织）。这种多样性的评价主体设置，有助于确保评价的全面性和客观性，因为不同主体可能会从不同的角度出发，关注不同的评价要点。

当评价结果计划用于对外公布时，即需要向公众、投资者、监管机构等外部利益相关方展示时，评价的过程和结果就必须具备更高的公信力和独立性。因此，在这种情况下，评价至少应包括独立于矿山、具备相应能力的第三方组织。第三方组织通常指的是与矿山企业无直接利益关系，且具备专业评价能力和资质的机构或组织。它们能够更客观、公正地对矿山的绿色建设情况进行评价，确保评价结果的准确性和可信度（彭苏萍等，2020d）。

11.2.2 实施评价的组织应查看报告文件、统计报表、原始记录，根据实际情况与相关人员开展座谈，采用实地调查等方式收集评价证据，形成评估报告，并确保原始证据的完整性和准确性

［解析］**本条是对评估过程资料收集的要求。**

在实施绿色矿山评价时，评价组织需要采取一系列严谨、系统的方法来收集和评价证据，以确保评价结果的准确性和可靠性。在现场评价时，评价组织应采取多种方法收集和评价证据，形成客观、公正的评估报告，并确保原始证据的完整性和准确性。这是确保评价结果准确性和可靠性的重要保障。

首先，评价组织应仔细查看报告文件、统计报表和原始记录。这些文件是矿山企业日常运营和管理过程中产生的重要资料，能够反映矿山在绿色矿山建设方面的实际表现和成效。通过仔细审阅这些文件，评价组织可以初步了解矿山的绿色建设情况，并为后续的评价工作奠定基础。

其次，评价组织应根据实际情况与相关人员开展座谈。座谈是一种有效的沟通方式，可以帮助评价组织更深入地了解矿山的绿色建设情况，包括取得的成效、存在的问题及改进措施等。通过与相关人员的交流，评价组织可以获取更多第一手的信息和观点，有助于更全面地评价矿山的绿色发展水平。

此外，评价组织还应采用实地调查等方式收集评价证据。实地调查能够直观地了解矿山的实际情况，包括矿区的环境状况、资源开采方式、生态修复措施等。通过实地调查，评价组织可以验证报告文件、统计报表和原始记录中的信息是否真实可靠，并进一步发现可能存在的问题和不足。

最后，评价组织应根据收集到的评价证据形成评估报告。评估报告应客观、公正地反映矿山的绿色建设情况，包括评价过程、评价方法、评价结果及改进建议等。同时，评价组织还应确保原始证据的完整性和准确性，以便在需要时进行复核和验证。

参考文献

邓久帅，秦国防，邓建英，等 . 2022. 绿色矿山技术进展 [M]. 北京：地质出版社 .

陆浮，邓久帅，毕银丽，等 . 2021. 绿色矿山研究与实践 [M]. 北京：地质出版社 .

彭苏萍，邓久帅，王亮，等 . 2020a. 绿色矿山评价指标条文释义 [M]. 北京：科学出版社 .

彭苏萍，王亮，邓久帅，等 . 2020b. 绿色矿山建设标准解读（非金属矿、砂石、水泥灰岩行业）[M]. 北京：地质出版社 .

彭苏萍，王亮，邓久帅，等 . 2020c. 绿色矿山建设标准解读（有色金属、冶金、黄金行业）[M]. 北京：地质出版社 .

彭苏萍，王亮，邓久帅，等 . 2020d. 绿色矿山建设标准解读（煤炭、陆上石油天然气开采、化工行业）[M]. 北京：地质出版社 .

彭苏萍，王亮，吴海军，等 . 2020e. 绿色矿山知识学习题册 [M]. 北京：地质出版社 .

彭苏萍，王勇，王亮，等 . 2022. 绿色矿山建设与管理工具 [M]. 北京：冶金工业出版社 .

彭苏萍，王亮，邓久帅，等 . 2023. 绿色矿山先进适用装备（技术）[M]. 北京：地质出版社 .

彭苏萍，邓久帅，王亮，等 . 2024. 国家级绿色矿山建设评价指标释义 [M]. 北京：地质出版社 .

王存飞，栗建平，刘树，等 . 2024. 神东煤炭集团绿色矿山建设研究与实践 [M]. 北京：冶金工业出版社 .